黑河东居延海水生态修复
关键技术研究

董国涛　廉耀康　畅祥生　等著

黄 河 水 利 出 版 社

·郑 州·

图书在版编目(CIP)数据

黑河东居延海水生态修复关键技术研究 / 董国涛等著. -- 郑州 : 黄河水利出版社, 2024. 6

ISBN 978-7-5509-3783-3

Ⅰ. ①黑… Ⅱ. ①董… Ⅲ. ①黑河-水环境-生态恢复-研究 Ⅳ. ①X171.4

中国国家版本馆 CIP 数据核字(2023)第 210908 号

组稿编辑:贾会珍　电话:0371-66028027　E-mail:110885539@qq.com

责任编辑	王燕燕	责任校对	贾会珍
封面设计	李思璇	责任监制	常红昕
出版发行	黄河水利出版社		

地址:河南省郑州市顺河路 49 号　邮政编码:450003

网址:www.yrcp.com　E-mail:hhslcbs@126.com

发行部电话:0371-66020550

承印单位	河南新华印刷集团有限公司		
开　　本	787 mm×1 092 mm　1/16		
印　　张	11		
字　　数	261 千字		
版次印次	2024 年 6 月第 1 版	2024 年 6 月第 1 次印刷	

定价:86.00 元

前　言

随着经济社会的发展和生态文明建设的深入开展，水生态保护与修复工作的重要性愈加凸显，越来越受到各级政府和人民群众的重视。昔日的“沙起额济纳”在黑河水量统一调度下，荒漠变绿洲，东居延海也由干涸状态实现了连年不干涸。然而，由于进入额济纳绿洲的水资源配置不尽合理，东居延海湿地又面临水面蒸发巨大、湖泊淤积，同时存在内陆湖水质恶化等共性问题，这些都预示着区域水生生态系统存在退化风险。内蒙古自治区高度重视水生态修复问题，立项了《黑河水生态修复研究——以东居延海为例》，黑河水资源与生态保护研究中心作为流域管理智囊开展了该项目研究，在完成成果报告的基础上，结合以往积累成果，最终完成了本书。

本书以黑河下游尾闾东居延海湿地生态系统为研究对象，主要系统介绍了存在的问题及解决对策。本书共分为7章。第1章介绍黑河下游流域概况及研究技术路线；第2章梳理东居延海所在的额济纳绿洲覆被变化过程，包括不同绿洲土地覆被下对应的生态需水情况；第3章开展东居延海水生态状况调查，涵盖居延海历史演变、水生动植物状况、景观变化、水环境、淤积及淤积物物化等内容；第4章研究东居延海适宜生态需水量，通过湖泊生态价值、面积保证率、湖泊形态学等多种方法，论证东居延海适宜的水面面积及生态需水量；第5章提出面向生态的水资源配置方案，提出水资源配置思路，分析影响水资源配置的要素，提出水资源配置方案；第6章提出合理的水生态修复措施，包括工程措施和非工程措施，工程措施涵盖了减淤、减少水面蒸发、改善水动力、控制内源污染等措施，并推荐了适合东居延海湿地的工程措施；第7章总结研究成果，提出加强水生态保护与修复建议。

本书由董国涛总体策划并负责统稿，廉耀康负责主要图件绘制，马万飞负责文字校对工作。具体撰写人员及分工如下：前言和第7章由董国涛撰写，第1章和第4章由廉耀康撰写，第2章和第6章由范正军撰写，第3章第3.2节由马万飞撰写，其他章节由畅祥生撰写。

本书成书过程中得到了黄河水利委员会、黑河流域管理局、内蒙古水利厅、内蒙古自治区水利水电勘测设计院、额济纳旗水务局、黑河额济纳灌域水利发展中心等单位和专家的帮助和支持，本书的出版得到了阿拉善盟应用技术研究与开发资金计划项目和甘肃省陇原青年英才项目支持，在此向他们表示诚挚感谢！

本书可供生态学、水文学、水利工程等领域的规划、设计、科研和管理人员参考使用，也可作为高等院校相关专业实践案例参考。由于水生态修复研究尚在探索阶段，内容又涉及面广，加上作者理论和经验限制，本书不足之处在所难免，恳请业界读者批评指正。

作　者

2024年4月

目 录

第1章 绪 论

1.1 研究背景及意义

黑河流域是我国西北干旱区重要的内陆河流域之一，气候极度干旱，生态环境脆弱，无水就是荒漠，有水就是绿洲。流域上、中、下游是由黑河联系起来的一个有机整体，相互关联、彼此影响。自20世纪50年代以来，随着黑河流域经济社会的快速发展，沿河地区工农业用水激增，下游入湖水量锐减甚至断流。流域突出的水资源矛盾及生态失衡引起了党和国家的高度重视，2000年国家决策实施黑河干流水量统一调度。黑河水量统一调度和流域近期治理实施，进入下游的水量逐步增加，中、下游用水不平衡问题初步得到缓解。随着流域经济社会的发展，用水需求进一步增加，而资源型缺水问题未从根本上改观，水资源供需与灌溉的矛盾依然突出，生产用水挤占生态用水的现象依然存在。

额济纳绿洲位于黑河流域下游，是黑河流域生态系统的重要组分，其健康与否直接关乎黑河流域的健康。保持额济纳绿洲生态环境健康，是黑河流域经济可持续发展的重要保障，也是维护阿拉善高原和河西走廊，以及整个中国北方、亚洲东部生态安全的重要屏障。

黑河尾闾东居延海位于额济纳绿洲腹地，是黑河健康生命的重要标志。黑河流域水量统一调度实施以来，对下游生态产生了显著的正面影响。与统一调度前相比，下游地下水位普遍回升0.4 m左右，沿河两岸濒临枯死的胡杨、柽柳得到抢救性保护，以胡杨林、草地、灌木林为主的绿洲面积增加近200 km^2，栖息鸟类明显增加。东居延海已实现连续多年不干涸，水面面积维持在40 km^2左右。自黑河水量常规调度以来，除2004年莺落峡来水量为14.99亿 m^3外，其余年份均为丰水年。根据水文规律，未来出现枯水或者连续枯水的概率增大，势必影响到东居延海的年入湖水量。

东居延海是额济纳绿洲的主要储水场所，受入湖水量所限，水生生态系统面临巨大挑战。东居延海水生态环境除受入湖水量影响外，还受蒸发量及温度等多因素共同影响，与人类活动密切相关。东居延海为内陆河尾闾湖泊，只入不出，湖区水动力循环条件不足，水体更替缓慢，加之水面蒸发量大，在来水补给一定的情况下，湖区矿化度会升高，造成水质恶化，湖区生态受到影响。进入东居延海的径流挟带泥沙，加上风沙沉积，导致湖区淤积严重。根据2003年、2015年两期东居延海测量数据，库底最低点高程由2003年的899.76 m抬升至2015年的901.20 m，湖区最低点抬升1.44 m。结合已有研究成果的对比分析，2015年东居延海水下地形较2003年发生了较大的变化，一方面底部隆升，另一方面入湖口更加平缓，地形坦化，在相同水位下，2015年库容比2003年库容减少1 000万 m^3左右。东居延海是典型的浅碟状湖泊，如果遇到枯水年或连年枯水的不利条件，上游来水减少，东居延海无法及时补水，湖泊可能会很快萎缩乃至干涸消失。此外，东居延海还存在水资源配置不合理的问题。在连年丰水条件下，东居延海湖面面积明显增大，水量蒸发损失大，随着湖区水面的增大，湖区周围的红柳等荒漠植被和梭梭、骆驼刺等沙生植被也因长期浸泡在水中导致死亡；与之相对的是，湖区周边部分绿洲区域因水资源的供给不足而未能得到很好的恢复。

干旱区湖泊是干旱区生态环境的指示器，同样，东居延海是黑河生命健康的重要标志。湖泊生态系统是流域与水体生物群落、各种有机物质和无机物质之间相互作用与不断演化的产物，由水陆交错带与敞水区生物群落所组成。与河流不同，湖泊是静水生态系统，流动性较差，含氧量相对较低，更容易被污染，导致生态系统功能退化和服务功能受损。东居延海存在的水生态问题亟待修复。水生态修复就是通过一系列措施，将已经退化或损坏的水生生态系统恢复、修复，使其基本达到原有水平或超过原有水平，并保持其长久稳定。水生态修复的目的是修理并恢复湖泊生物多样性、连续性，充分发挥资源的生产潜力，同时起到保护水环境的目的，使水生生态系统转入良性循环，达到经济和生态同步发展；主要作用是通过保护、种植、养殖、繁殖适宜在水中生长的植物、动物和微生物，改善生物群落的结构，提高生物的多样性，增强水体的自净能力，消除或减轻水体污染，恢复良好的生态景观。

2016 年 11 月 28 日，中共中央办公厅、国务院办公厅印发《关于全面推行河长制的意见》(厅字〔2016〕42 号)，标志着我国全面推行河长制工作正式启动。2017 年 12 月 26 日，中共中央办公厅、国务院办公厅印发《关于在湖泊实施湖长制的指导意见》(厅字〔2017〕51 号)的要求，明确在湖泊实施湖长制，进一步加强湖泊管理保护工作，强调开展湖泊生态治理与修复工作。内蒙古自治区党委办公厅、自治区人民政府办公厅印发《内蒙古自治区全面推行河长制工作方案》(厅发〔2017〕12 号)和《内蒙古自治区实施湖长制工作方案》(厅发〔2018〕4 号)要求，加强湖泊管理保护、改善湖泊生态环境、维护湖泊健康生命、实现湖泊功能永续利用。良好的水生生态系统在维系自然界物质循环、能量流动、净化环境、缓解温室效应等方面功能显著，对维护生物多样性、保持生态平衡有着重要作用。积极推进河湖水生态保护与修复工作，是维护江河湖库水生态的良性循环、促进人水和谐的必然需求，是深入贯彻落实新时代治水思路、加大生态文明建设的重要内容。

开展东居延海水生态修复研究工作，维持东居延海适宜的水面面积，提出减少湖面水量蒸发损失措施，可有效应对不利来水情况；提出相应工程措施，增强东居延海湖水的水动力和水循环能力，通过水体的交换和更替，逐步遏制湖水水质恶化，可有效改善东居延海水体水质；通过研究湖泊淤积过程，分析底泥物化特性，能够为减少湖底淤积、避免湖底地形进一步坦化提供科技支撑；针对该区域实施水资源的有效配置，恢复东居延海周边绿洲，实现绿洲植被连续分布，可以阻挡西北方向风沙对绿洲区的侵蚀，有效扩大保护额济纳绿洲的核心区。

综上，开展黑河东居延海水生态修复关键技术研究有利于应对上游不利来水条件，可为维持东居延海湿地生态功能，改善湖区水质，减少淤积，维持适宜的水面面积，提高水资源配置利用效率提供科学依据，具有显著的生态效益和经济社会效益。

1.2 国内外研究现状

由于人类活动,如拦河筑坝、湿地建设、河滩开发、围湖造田、防洪建堤等,破坏了河湖系统的自然形态和水生生境的复杂度,使生态水文过程的可持续性遭到破坏,因此造成河道淤积、自净能力下降、水质污染加剧、生物多样性下降、土地贫瘠化和水生生态系统服务功能下降等问题(刘欢等,2019)。董哲仁(2019)对湖泊生态系统出现的问题进行了归纳:①水污染严重,富营养化加剧;②过度捕捞和生物入侵;③湖泊围垦、建闸、筑坝导致湖泊萎缩,湿地退化;④工程建设导致湖泊与江河水力联系阻隔,鱼类洄游、产卵场、越冬场和索饵场消失;⑤湖滨带开发和非法占用导致湖滨带功能显著下降;⑥西部地区湖泊总体呈萎缩消亡态势。近几十年来受气候变化和冰川快速消融等因素影响,西部地区湖泊水量和面积明显波动变化,总体呈萎缩态势,不少湖泊萎缩甚至干涸消亡。结合黑河东居延海水生生态系统面临的主要问题,从水生态修复、湖泊面积变化、抑制水面蒸发措施、水资源配置、水环境污染等五个方面对国内外相关研究进行梳理。

1.2.1 水生态修复

水生态修复是指利用生态系统原理,采用各种方法修复受损伤的水体生态系统的生物群体及结构,重建健康的水生生态系统,修复和强化水体生态系统的主要功能,并能使生态系统实现整体协调、自我维持、自我演替的良性循环。通过一系列措施,将已经退化或损坏的水生生态系统恢复、修复,使其基本达到原有水平或超过原有水平,并保持其长久稳定(雷书珊,2020)。

国外在开展水生态修复时,主要遵循"针对目标—评价调查—制订措施"的原则,进行因地制宜的生态恢复工程,各国在水生态保护和修复方面相继颁布过的综合性手册、导则如表1-1所示。赵进勇等(2022)更是详细综述了国内外河湖生态保护与修复标准。

表1-1 各国在水生态保护和修复方面的综合性手册、导则

国家	名称	颁布时间
英国	《河流恢复技术手册》	2002年
德国	《水库岸坡侵蚀防护生态工程技术》	1992年
澳大利亚	《河流生态修复手册》	2000年
美国	《人工湿地设计手册》	1988年
美国	《河岸侵蚀防护生态工程技术导则》	1997年
中国	《河湖生态系统保护与修复工程技术导则》(SL/T 800—2020)	2020年
中国	《水生态修复技术导则》(DB11/T 2180—2023)	2023年
中国	《湖泊水生态系统修复工程设计导则》(DB41/T 2602—2024)	2024年

20世纪30~50年代为河流生态修复理论的雏形阶段(许继军等,2022)。早期的水利工程主要以治水和用水为目标,防治水患灾害和满足航运、灌溉,是对河流掠夺式的开

发,大量使用混凝土、石块等硬质材料,造成河道渠化。这样的河流开发利用完全不顾河流生态系统的健康,打破了河流生态系统的平衡,造成河流水质恶化。面对日益严重的水质恶化现象,20 世纪 30 年代起,很多西方国家对传统水利工程导致自然环境被破坏的做法进行了反思,开始有意识地着手对遭受破坏的河流自然环境进行修复(廖先荣等,2009)。1938 年德国 Seifert 首先提出"近自然河溪治理"的概念,标志着河流生态修复研究的开端(王文君等,2012)。

"近自然河溪治理"是指能够在完成传统河道治理任务的基础上达到近自然、经济并保持景观美的一种治理方案(高甲荣等,2012)。但至此,西方国家对河流治理的重点主要是放在污水处理和河流水质保护上(王文君等,2012)。

20 世纪 50~80 年代为河流生态修复理论的形成阶段。随着污染控制措施的有效实施,河流的水质明显得到改善,但河流的生物多样性、生物栖息环境的状况依然不佳,人们已经认识到混凝土护岸是导致河流生态系统恶化的重要原因,于是开始将生态学原理应用于土木工程。据此,20 世纪 50 年代德国正式创立了"近自然河道治理工程学",提出要在工程设计理念中吸收生态学的原理和知识,改变传统的工程设计理念和技术方法,使河流的整治符合植物化和生命化的原理(Laub et al. ,2009)。在整治目标上,强调河流自然的健康状态;在整治方法上,强调人为控制和河流的自我恢复相结合(姜正实等,2008)。"近自然河道治理工程学"成为河流生态修复技术的主要理论基础。

1962 年美国生态学家 H. T. Odum 等提出将自我设计的生态学概念用于工程中,首次提出生态工程的概念(汪秀丽,2010)。1983 年 H. T. Odum 又将生态工程修订为"设计和实施经济与自然的工艺技术"。与此同时,修复受损河流生态系统的实践研究也在欧洲国家相继展开。1965 年德国的 ErnstBitt mann 在莱茵河用芦苇和柳树进行生态护岸试验(Gray et al. ,1992),可以看作最早的河流生态修复实践(陈兴茹,2011)。

20 世纪 70 年代末,瑞士苏黎世州河川保护建设局将德国的生态护岸法丰富发展为"多自然型河道生态修复技术"(FISRWG,1998),将已建的混凝土护岸拆除,改修成柳树和自然石护岸,给鱼类等提供生存空间,把直线型河道改修为具有深渊和浅滩的蛇形弯曲的自然河道,让河流保持自然状态(颜兵文,2005)。之后,此方法在欧美及日本推广开来。

20 世纪 80 年代至今为河流生态修复实践全面展开的阶段。随着生态工程在河流治理中的实践,河流保护的重点拓展到了河流生态系统的恢复,德国、瑞士于 20 世纪 80 年代提出了"河流再自然化"的概念,将河流修复到接近自然的程度。英国在修复河流时也强调"近自然化",优先考虑河流生态功能的恢复(胡静波,2009)。荷兰则强调河流生态修复与防洪的结合,提出了"给河流以空间"的理念(王薇等,2003)。

美国的 Mitsch 和 Jorgensn 于 1989 年正式探讨了 H. T. Odum 等于 1962 年提出的"生态工程"的概念,在此基础上诞生了"生态工程"这一理论(Mitsch,1989;1996;1998)。之后,又不断论证了将生态学原理运用于土木工程中的理论问题,奠定了河道生态修复技术的理论基础(杜良平,2007)。20 世纪 90 年代以来,美国将兼顾生物生存的河道生态恢复作为水资源开发管理工作必须考虑的项目(杨海军等,2004)。

日本虽然于 1986 年才开始学习欧洲的河道治理经验(蔡晔,2007),但"多自然型河道生态修复技术”在日本被迅速发展起来。日本在学术上，将其称为“应用生态工学”；在行政上，建设省河川局将其称为“多自然型河川工法”或“近自然河川工法”（邓红兵等，2001）。日本的堤坝不再用水泥板修造，而是提倡凡有条件的河段应尽可能利用木桩、竹笼、卵石等天然材料来修建河堤，并将其命名为“生态河堤”。仅在 1991 年，日本就有 600 多处试验工程进行多自然型河流治理法，日本建设省推进的第九次治水五年计划中，对 5 700 km 河流采用多自然型河流治理法，其中 2 300 km 为植物堤岸、1 400 km 为石头及木材护底的自然河堤，只能使用混凝土的 2 000 km 堤岸也按生态型护堤法进行了覆土改造（罗新正等，2001；赵润红等，2008；廖先荣等，2009）。

西方国家也大范围开展了河道生态整治工程的实践。德国、美国、日本、法国、瑞士、奥地利、荷兰等国家纷纷大规模拆除了以前人工在河床上铺设的硬质材料（陈风琴等，2010），代之以可以生长灌草的土质边坡，逐步恢复河道及河岸的自然状态（陶理志，2007）。例如，美国著名的洛杉矶河已拆除了混凝土河道；德国在全国范围内开始治理被混凝土渠道化了的河道；瑞士在河流保护的法规中明文规定，优先使用生物材料治理河道；法国要求城市河道建设时，地面不透水面积不超过 3.3%（夏振尧等，2005）。使用石质和水泥材料来铺设硬化河底、建造陡峭河岸、砍掉河岸边的树木、清理沿岸野生植物的河道治理方法，已被各国普遍否定，目前河流生态修复已经成为国际大趋势（郝晓磊，2008）。

自 20 世纪 90 年代以来，拆除废旧坝（堰）、恢复生态的工作空前展开。随着河流生态修复技术方法的日渐成熟，发达国家于 20 世纪 90 年代尝试开展流域尺度下的河流生态修复工程。例如，美国已经开始对基西米河、密西西比河、伊利诺伊河、凯斯密河和密苏里河流域进行了整体生态修复（吴智洋等，2010）；丹麦的斯凯恩河上开展了最大规模的河道复原工程，包括恢复河流和河漫滩的物理及水文动力，河流再次弯曲化，重新确定自然水位和河流河谷的水位波动，以及改善动植物的栖息地条件等（高凌，1993）。

近年来，我国生态学和水利学的学者从不同角度积极阐明开展河流生态修复研究的重要性，探索修复受损河流生态系统的技术手段（董哲仁，2003；汪恕诚，2003）。我国对河流生态修复技术的认知起始于 20 世纪 90 年代，其中比较有代表性的是刘树坤 1999 年提出的“大水利”的理论框架（陈兴茹，2011），认为河流的开发应强调流域的综合整治与管理，同时注重发挥水的资源功能、环境功能和生态功能，流域的开发目标是提高流域自身的舒适度和富裕度，流域的开发与管理应以可持续发展为指导原则。董哲仁于 2003 年提出了“生态水工学”的概念，分析了仅以水工学为基础的治水工程的弊病，给河流生态系统带来的不利影响，提出在传统水利工程的设计中应结合生态学原理，充分考虑野生动植物的生存需求，保证河流生态系统的健康，建设人水和谐的水利工程（董哲仁，2003）。李国英（2005）以黄河为例，论述了 21 世纪维持黄河健康生命的治理方略。赵彦伟和杨志峰（2005）研究了河流生态系统健康的概念、评价方法和发展方向，提出河流健康评价应关注其指标体系的构建、评价标准的判别和流域尺度的研究。黄锦辉等（2018）提出了我国河湖水系生态保护与修复治理的总体思路，谋划了河湖水系生态保护与修复的总体布局。2019 年董哲仁出版了《生态水利工程学》一书，吸收了生态学理论，改进和完善传统水利工程学的方法，为我国水生生态系统保护与修复提供了理论与技术支持。在第十届世界水论坛上,《河流伦理建构与中国实践》报告正式发布。该报告面向国际社会推介有关河流伦理的理论研究和中国实践,为推动构建人类命运共同体,促进人与河流和谐共生积极贡献中国智慧和中国方案。

1.2.2 湖泊面积变化

湖泊作为陆地水圈的重要组成部分,不仅参与自然界的水分循环,而且对气候变化极为敏感,是揭示全球气候变化与区域响应的重要信息载体(秦大河,2005)。我国西北地区大部属干旱半干旱气候区,水资源一直是制约区域经济社会活动与流域生态环境建设的关键因素,因此湖泊水资源-环境在经济社会可持续发展和生态环境保护中扮演着重要角色(饶恩明等,2014)。湖泊动态变化及其影响因素分析是当今国内外研究的热点问题。对湖泊变化的研究主要集中在湖泊水体环境质量(Bartolai et al.,2015;张甘霖等,2023)、湖泊蒸发(曹国亮等,2020)、湖泊面积(郝洁等,2024;Li et al.,2023)、湖泊水生植物(Luo et al.,2016)、湖泊淤积(陈焕英等,2021)等方面。其中,湖泊面积的动态变化、萎缩、蒸发是湖泊变化研究中最基本的内容。对于退化湖泊的恢复和治理,学者也进行了大量研究(Dunalska et al.,2015)。

国外对湖泊面积变化的研究起步较早,如对阿拉斯加中部地区开展研究,发现湖泊面积近 30 年缩减超过 3%(Rover et al.,2012),是该地区地下水位下降和冰雪融水减少所致,而导致这一变化的根本原因在于全球气候变暖(Jepsen et al.,2013)。同时在针对中亚地区、蒙古高原等地区的内陆湖泊开展研究时发现,全球湖泊变化虽然受全球气候变暖的影响较大,但是仍然会受到人类活动、区域降水等因素的影响(Bai et al.,2011;Yang et al.,2010)。

国内关于湖泊变化的研究起步较晚,但是成果丰硕。从宏观层面开展研究,如马荣华等(2011)对我国湖泊近年现状进行了全面系统的调查,摸清了湖泊产生与消失的数量;孙芳蒂等(2014)对 2000~2010 年我国 629 个主要湖泊进行了分析,探明了我国主要湖泊的总面积具有增加的趋势,而 1 000 km^2 以上的大型湖泊中有一半的湖泊面积呈缩减态势;张国庆等(2013)对 2003~2009 年我国面积最大的十大湖泊的变化情况进行了研究,提供了利用遥感卫星数据对湖泊水量平衡进行快速有效的估算方法。

随着研究的进一步深入,国内学者逐渐转向微观层面,逐步开展不同区域湖泊的异质性研究。近 30 年来太湖流域由于受自然和人为因素的影响,其湖泊面积大幅度缩减,20 世纪 90 年代以来缩减速度才有所缓解(李新国等,2006)。基于遥感影像对武汉市城区湖泊面积和形态进行了研究分析,湖泊面积逐渐萎缩但萎缩速度得到了控制,人为活动对湖泊的影响,加大并导致湖泊的几何形状趋于简单化(黄浦江等,2012)。对新疆维吾尔自治区的湖泊开展研究发现,湖泊的发展受自然和人类活动的影响,经历了干涸萎缩的逆向演化和恢复的正向演化两个阶段,人类水资源用量的减少是湖泊面积增大的主要原因,而上游地区积雪的季节性变化导致湖面面积秋冬差异较大(刘瑞霞等,2006;姚永慧等,2007),同时生态输水也在一定程度上对湖泊面积增大产生明显影响,而湖泊面积萎缩的主要原因在于该地区的高蒸发量(朱刚等,2015)。

从目前来看,我国湖泊变化研究多集中在青藏高原湖泊分布区以及东部受人类生产活动影响较为集中的区域。青藏高原区域如西藏地区气候的暖湿化使得空气相对湿度增加,导致蒸发量减少,因此近年来该地区湖泊面积扩张(张嘉琪等,2024);降水量减少和冰雪消融加剧导致玛旁雍错流域湖泊有先萎缩后扩张的变化趋势(拉巴等,2012)。东部区域如东北松嫩平原湖泊群的变化受气候变化的影响,这种影响因大规模的人类活动而加剧(桂智凡等,2010);吉林省湖泊由于受到气候干旱和水利工程修建共同作用,其面积呈现显著萎缩,且主要集中在大中型湖泊(许诗等,2010);洞庭湖区受到流域内降水减少和三峡水库汛末蓄水共同作用,冬夏季湖泊面积差异巨大(高耶等,2019);围垦滩地等人类活动对洪泽湖的变化起到了关键性作用(范亚民等,2010)。

较于以上区域,内蒙古地区的湖泊变化是由于气候变化与人类活动共同作用的影响,不同气候和土壤条件的地区湖泊资源均出现了不同程度的变化,进而影响到了区域的生态环境以及人类和其他生物群落。张郝哲等(2012)对内蒙古第二大淡水湖达里诺尔湖1999~2010年11年间的变化情况进行了分析,指出气温上升、降水减少及蒸发加快是导致湖面萎缩的主要原因。杜会石等(2018)借助GIS和RS技术,研究了气候变化状况对科尔沁沙地湖泊变化的影响。张宝林等(2012)指出气候持续干旱和降水量持续减少是造成湖泊蒸发量大于补给量的主要原因,致使湖面持续萎缩。尹立河等(2008)借助MODIS遥感数据反演了毛乌素沙地红碱淖的湖面面积,湖泊呈现萎缩趋势是受到早期的自然因素和后期的人为因素影响。任昱等(2011)对乌兰布和沙漠湖泊变化的研究表明,湖泊受降水与蒸发的影响较明显,并且湖泊面积越小,湖泊对气候变化的敏感性越强。熊波等(2009)认为巴丹吉林沙漠湖泊的变化主要受到人为因素影响比较明显,且不同时期人类作用的效果有所区别。

1.2.3　抑制水面蒸发

蒸发是自然界水循环过程中的主导因素之一,对湖泊的影响至关重要,干旱半干旱地区蒸发强烈,水面蒸发损失量十分惊人。因此,通过抑制水面蒸发减少蒸发损耗,对保护干旱半干旱地区水资源量有着重要的现实意义(刁文博等,2019),蒸发的影响因素很多,可分为内因和外源:内因,即水体因素,包括水面大小、颜色、形状、水深、水质、水温等;外源,即气象因素,包括太阳辐射、温度、湿度、风速、气压等。用恰当的措施来有效降低湖泊水面的无效蒸发,这对增加水资源总量、缓解水资源短缺起到一定的作用(武金慧,2008)。

国内外对减阻水面蒸发的措施一般分为物理措施、化学分子膜减阻蒸发措施、生物-生态措施。

一是物理措施,在水面架设遮挡物或用物理材料覆盖水面从而减少水面蒸发。物理阻隔法的研究范围从早期的材料甄选(Cooley,1970)、安装结构的比较(Crow et al.,1967)、不同减阻效率比较(Khan et al.,1990),逐步扩大到材料研发及不同形态结构设计(Burston,2002)等,但关于所选材料因物理性能不同对阻蒸发效率的效果影响研究一直贯穿整个研究进程。澳大利亚将遮光布架设于水面之上进行试验,其蒸发消减率高达90%,但其铺设方式较为复杂且投入较大(Finn et al.,2007),经过试验发现一种泡沫包装片(E-VapCap)覆盖水面减少面蒸发效率为90%(Ceaig et al.,2005);西班牙有研究者对不同颜色的单、双层聚乙烯网和单层铝网覆盖水面进行了试验研究，从试验结果看，双层网蒸发消减率要高于单层网，不同颜色单层网蒸发消减率关系为黑色>蓝色>绿色>白色>单层铝网（Alvarez et al.，2006）；沙特国王大学利用当地常见的棕榈树叶片编织而成的席垫覆盖水面来减少蒸发量，分别覆盖水池95%、50%的水面面积，结果表明试验期内蒸发量分别减少了63%、26%，且覆盖对水质没有造成影响（Al-Hasson et al.，2009）；马来西亚采用胶合板和镀锌铁皮覆盖水面进行试验，其平均蒸发消减率为33%（Benzaghta et al.，2012）；2015年美国洛杉矶市向面积70万 m^2 的水库投入9 600万个黑色遮阳球，该球为直径10 cm的聚乙烯小球，总造价约2.2亿元，小球在风浪作用下易于发生翻滚、旋转，增大了湿润率，消减蒸发效果较小；西安理工大学专家在西北干旱区（甘肃省景泰县部队农场）进行野外试验，结果表明聚苯乙烯泡沫塑料板覆盖条件下的平均抑制水面蒸发效率为50.97%、聚乙烯苯板为44.35%、石蜡为20.83%（武金慧，2008）；新疆农业大学专家采用直径100 mm、质量50 g的配重浮球在吐鲁番市胜金沟水土保持三期水库来抑制水库的无效蒸发，在风速为0~1.5 m/s时，蒸发抑制率达89.8%（韩克武等，2020）；在新疆天山北麓、准格尔盆地南缘的平原水库采用PVC泡沫浮板作为水面覆盖材料，当浮板面积从1 m^2 增大到16 m^2 时，其平均蒸发抑制率从74%增大到88.3%（李存立，2016）；石河子大学专家利用两个20 m^2 蒸发池做了苯板覆盖情况下和无覆盖情况下的对比节水试验，得出了在非冰冻期防蒸发率可达51.25%的结论（唐凯等，2014）。

二是化学分子膜减阻蒸发措施。化学分子膜蒸发阻滞剂的研究可追溯到1925年，Rideal首次证明了空气-水界面上的脂肪酸单层分子能有效降低水的蒸发速率（Prime et al. 2011），作为水分蒸发抑制剂，其主要研究对象为表面膜和单分子膜，且以后者为主，双重膜虽略有涉及，但因效果弱于单分子膜（Garrett，1971）。单分子膜抑制蒸发是基于其具有亲水、憎水双极性分子结构，可在水体表面自动铺展成不溶凝聚膜，通过增加表面边界层厚度，从而达到抵抗水面蒸发的目的。单分子膜的分子结构及组成、温度、反射强度，是影响其减阻蒸发效率的主要因素（Archer et al.，1954）。国内于20世纪50年代逐渐开始化学抑制剂减阻蒸发的研究工作（陈绍澧等，1959），研究多集中在材料筛选配比、阻蒸发效率测定、材料理化性质影响分析。较之国外，减阻机制方面并未有深入性研究。以十八醇作为水分蒸发抑制剂，在天然条件下铺展形成单分子膜，抑制水分蒸发的性能，该膜受到扰动后能自动恢复，同时氧气迅速透过，水的蒸发速率下降40%（汤传义等，2002）；以长链脂肪醇作为膜基材，脂肪醇聚氧乙烯醚为乳化剂，石油醚为油相，配置了W/O型乳液体系，制备了一种新型水分蒸发抑制剂，在天津室内试验时长168 h时，乳液体系的分子膜蒸发抑制率依旧可保持在50%左右（吴燕等，2007）；在吐鲁番地区开展的试验中发现，与其他规格和材质的浮球比，直径40 mm的EPS（发泡聚乙烯）在非冰冻期蒸发抑制率可达到76.31%（王步之，2023）。

三是生物-生态措施。关于植物阻隔法对水面蒸发的效应问题，是一个具有争议性的问题，存在抑制和促进两种截然相反的观点。试验水体大小、深浅、植物种类都可能是造成这种差异性的原因。例如，对于开阔性大水域或深水湖，任何类型的水生植物均不会造成水面蒸发损失增加，在很大程度上，起到的是阻滞作用（Idso，1981）；相反，在限制性水体中，引入任何类型的水生植物均会导致水面蒸发量增加（Ahmed，2014）。对于水生植物阻挡法的研究，当前仍然处在不同水生植物抑制水面蒸发效率的定性描述阶段，没有进行深入的分析，我国的主要研究成果集中在20世纪80~90年代。研究发现，不同类型的水生植物对水面蒸发的影响亦不同（王积强，1994）：挺水植物（如茭草、芦苇、蒲草、水花生、水蓼）不具备减阻水面蒸发的作用，反而增加了水面蒸发量；漂浮型水生植物（如浮萍），则削减水面蒸发效果明显；浮叶型水生植物，既有减少蒸发量的（如荇菜），也有增加蒸发量的（如凤眼蓝）。在新疆阿克苏地区采用蒲草抑制水面蒸发，蒲草的平均抑制率为14.2%。另外，生态浮岛是一种全新的技术手段，价格低廉、效果好，应用范围广泛，是利用无土栽培原理，应用现代生态工程、农艺技术发展而来的，生态浮岛不仅能够减阻蒸发，且能够吸收污染水体中的磷、氮污染物，具有很好的净化水质和减少水面蒸发量的效果。

1.2.4　水资源配置

水资源短缺和水环境恶化等问题都要求对区域水资源进行合理高效配置。水资源配置是实现水资源在不同区域和用水户之间有效公平分配，从而达到水资源可持续利用的重要手段。水资源配置最初主要是针对水资源短缺地区的用水竞争性问题而提出的（王浩等，2008），通过水资源配置可以实现对区域水循环及其影响的自然与社会诸因素进行整体调控。水资源优化配置不仅可以最大程度地实现水资源的高效利用，也是实现水资源可持续利用和开发的有效措施。

国外较早开始研究水资源的合理配置。早在20世纪40年代，Masse就通过系统分析方法以水资源优化配置为目标，研究了水库调度问题（龙祥瑜，2004）。20世纪50年代以后，将系统分析理论和优化技术运用于水资源系统模拟，并通过计算机技术使该模拟方法得以实现，从而促使了该方面的研究迅速发展（陈晨，2014）。20世纪90年代至今，随着可持续发展理论的发展和水质型缺水问题的产生，促进水资源从水量型配置走向水质型配置及水质水量联合优化配置，在研究方法上也对多目标优化算法进行了优化，遗传算法、模拟退火算法、模糊聚类等算法开始应用（Teasley et al.，2011）。

我国的水资源配置研究涵盖了水利工程控制单元的水资源优化配置（赵丹等，2004）、区域水资源优化配置（尹明万等，2003）、流域（粟晓玲等，2008）及跨流域（王浩等，2003a）的水资源配置等。从历程上来说，为“四水转化”与地表水、地下水联合配置（鲁学仁，1992）—基于区域宏观经济的水资源配置（许新宜等，1997）—基于二元水循环模式和面向生态的水资源配置（王浩等，2003a；2003b）—基于实时调度的水资源配置与调控（中国水利水电科学研究院，2004）—基于ET的水资源整体配置（蒋云钟等，2008）—水量水质联合配置与调控（吴泽宁等，2004），未来将向水量水质联合配置与调控发展（吴泽宁等，2004；王浩等，2008）

在黑河流域有不少学者开展了水资源配置研究工作。自黑河流域管理局2000年开展流域水量调度配置以来，曾国熙（2004）、吴洪寿（2004）、袁伟（2009）等开展了黑河流域水资源配置合理性评价工作；柳建平（2004）、钟华平（2006）等开展了流域水资源配置模式研究；杨献献等（2016）以黑河中游为例，建立了面向生态的多目标模糊规划模型；蒙吉军等（2017）以黑河中游农业绿洲24个灌区为研究对象，基于数据包络分析（DEA）研究了灌区农业水资源配置效率的时空分异，以及各灌区影响水资源配置效率的主要因素；钟锋(2017)考虑黑河中游地区生活、工业及农业需水量,以及上游来水、降水、蒸发、作物单产及单价的不确定性,构建了基于生态健康的多目标区间非线性双层优化配水模型,基于MATLAB编程求解获得了不同来水情景下水资源在县区间、部门间及作物间的优化配置方案。

综合国内外研究,以干旱区尾闾生态绿洲为保护对象的水量配置研究不够聚焦,黑河东居延海水生态修复研究的开展也丰富了干旱区水资源配置研究内容。

1.2.5 水环境污染

干旱区湖泊在水文循环中扮演重要角色,它直接影响干旱区的生态和环境变化,并具有巨大生态调节作用。干旱区生态环境原本就脆弱,加上人类活动的影响,大量的农田退水、工业废水和生活污废水排入湖泊,致使湖泊污染加剧,富营养化问题突出,生物多样性锐减,危及湖滨带生态系统,水环境安全的形势极为严峻(宁淼等,2009;刘吉峰等,2008)。

国外对水体污染的重视及对水污染治理方面的研究开展较早,缘于工业革命的兴起,河流沿岸的人口急剧增长,大量生活污水、工业废水直接排入河流导致水体环境急剧恶化。20世纪40年代,德国学者Seifert首次提出了"近自然河溪水体治理"的概念,他强调河溪水体的治理过程要立足于水体的传统功能,治理后的水体能够达到或接近水体原状的目的,这是水治理技术方面首次提出的往生态治理方向发展的相关理论。20世纪50年代前,水体污染治理相关技术的研发只是停留在对水体污染物的去除,并未考虑整体的生态系统(廖先荣等,2009)。

20世纪50年代后,各国学者开始在Seifert提出的理论基础上研究生态修复理论和技术。这一阶段主要研究了动植物在生态修复过程中的作用,并强调了生态系统协调与约束的作用。到20世纪80年代,生态修复技术应用更为广泛,并且逐步用于各类水体的生态恢复,也取得了良好的效果,在国际上生态修复技术也逐渐得到推广和使用(陈兴如,2011)。到20世纪90年代,各流域的水体生态修复工程逐渐增加,这要归因于生态治理技术和其他各种水处理技术的不断完善和成熟(Shafroth,2005)。

我国对水污染修复开展相对较晚,主要是借鉴国外的一些先进技术。水体的生态修复相对更晚,开始于20世纪90年代,各生态修复理论和技术大多数也是在国外的一些先进技术上发展而来的(郑天柱等,2002;陈庆伟等,2007)。针对各国学者对水体生态恢复提出的不同见解和方案,并根据我国各地域地理环境和保护目标的不同等客观因素,董哲仁(2004)提出我国在河流等水体的生态修复工程实施前应充分了解各地域环境的特点,因地制宜,以复原原始生态状况为目标,积极为其创造有利条件。

通过半个多世纪的发展,适用于干旱区湖泊生态治理方面的技术主要有以下几种方式:

(1)物理措施。适用于干旱区尾闾湖泊的物理措施主要包括底泥疏浚(钟继承等,2007)、调水冲污(李大鹏,2015;陈俊等,2015)、机械除藻(赵志红等,2018)。

底泥污染在静态水体中尤为严重,是因为污染物质进入底泥后难以通过水体的流动使污染物迁移,会富集到底泥当中。达到一定程度和条件后又向水体中释放,造成水体二次污染。底泥疏浚和清淤是河湖水生态修复的物理方法,底泥疏浚可在短期内改善水质,但从月和季以上长时段看效果较弱,同时疏浚作为环境工程手段,其投入产出比较低,且可能对生态修复产生负面影响,但底泥疏浚能有效降低沉积物中的重金属潜在生态风险(毛志刚等,2014)。在我国,对太湖(李鑫等,2019)、滇池(李中华等,2018)、张掖临泽县鹦鸽嘴水库(张柯刚等,2020)、红崖山(李丽,2013)等湖泊水库都相继开展了湖泊底泥疏浚内源治理工程,并且取得了较好的治理效果。

调水冲污是通过引进清洁水体对受污染湖泊及底泥进行冲刷稀释,即增强湖泊水动力循环,可以快速降低水体污染物的含量,这种方法最大的优点是见效快,但后期不加其他治理措施难以长时间保持水质的良好状态。较早开展调水冲污的国家有日本、俄罗斯、德国等(孟凡丽,2017),国内采用这种方法治理的时间较晚,但也取得了一些成效,如博斯腾湖(胡春明等,2020)、昆明滇池内海(胡开林,2007)等。

机械除藻是指采用除藻设备将水体中的蓝藻水华去除的一种方式,通常在蓝藻爆发的水域应用较多。通过采用固定除藻设施或移动除藻船对蓝藻富集区域的蓝藻水华进行清除,从而有效清除水体表面上的浮藻层,增加水体含氧量(沈银武等,2004)。

(2)化学措施。主要通过向污染水体中投加化学药剂,利用化学药剂和底泥污染物之间发生化学及物化作用使污染物发生电子转移,污染物变得更加稳固或转化成无害化物质,从而达到净化水体的目的(栾兆坤等,2001)。化学措施大致可细分为絮凝沉淀(赵帅维,2018;程治良等,2016)、加药气浮法(李金霞,2006)和化学药剂法(陈思莉等,2019;Andriana,2017)。

(3)生物-生态措施。生态浮岛修复技术是生物-生态技术的一种实践,采用现代无土栽培技术和生态工程措施,主要由基质和植物构成,利用基质的降解能力、植物的净化能力等达到水质净化的目的(童国璋等,2010)。

生态浮岛修复技术首先在国外发展,最早出现于20世纪50年代,由于试验条件和种植技术等因素的限制,治理效果并不明显,直到80年代,生态浮岛修复技术随着生态技术等其他水处理技术的发展得以更深入的研究(黄薇等,2011)。我国在生态浮岛修复技术方面的研究虽然起步相对较晚,但是通过在一系列工程中应用,生态浮岛表现出良好的效果,至此国内开始对生态浮岛修复技术进行大量研究并应用到各类污染水体(吴建强等,2011;高阳俊等,2011;王金丽等,2011)。其中,生物生态联合修复技术是目前在水体污染修复工程中运用最多、效果较好的治理技术,通过利用原生动物、微生物、植物(沉水植物、浮水植物、挺水植物)的吸收、代谢作用达到净化水体的效果(奚健,2009)。

1.3 区域概况

1.3.1 自然地理

1.3.1.1 地理位置

研究范围主要包括狼心山以下额济纳绿洲区,重点为东居延海及其周边区域,范围如图1-1所示。额济纳三角洲是指黑河干流进入下游,经过狼心山后发散为东、西两河并进一步发散,进而发育形成的冲洪积三角洲。在三角洲东、西河沿岸分布着河岸带绿洲植被,特别是东河下游大量分叉形成了河岸绿洲的核心区域。

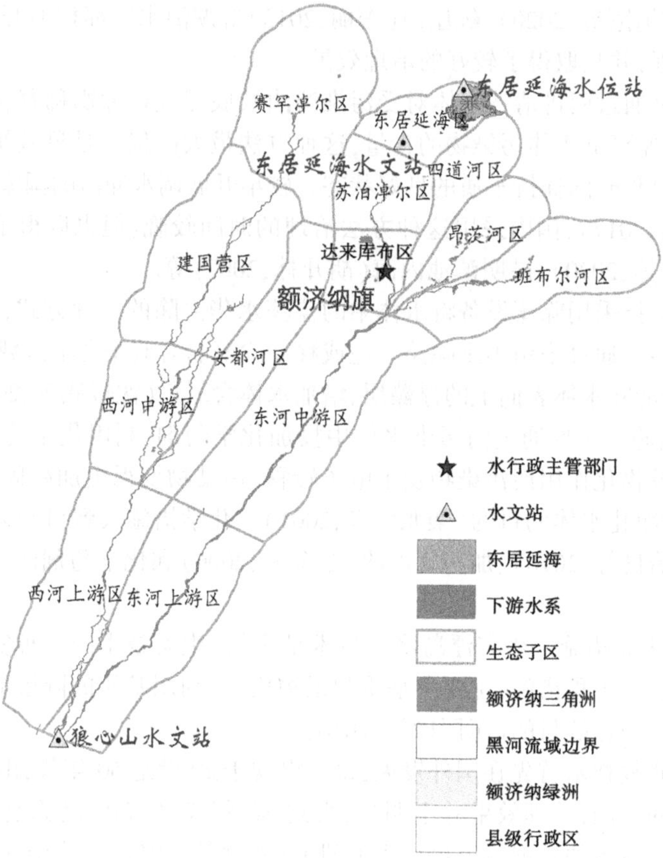

图 1-1　研究区范围

黑河流域是我国西北干旱区重要的内陆河流域之一,位于 97°6′E～102°0′E 和 37°42′N～42°42′N。东起甘肃省山丹县境内的大黄山,与石羊河流域接壤;西以甘肃省嘉峪关境内的黑山为界,与疏勒河流域毗邻;南起青海省祁连县境内的南北分水岭;北至内蒙古自治区额济纳旗境内的居延海,与蒙古人民共和国接壤。

额济纳三角洲位于我国西北干旱区腹地、第二大内陆河即黑河流域的下游,是额济纳盆地的核心部分。额济纳盆地南与甘肃省鼎新盆地相邻,西以马鬃山剥蚀山地为限,东接巴丹吉林沙漠,北抵中蒙边界。额济纳三角洲行政区划主要隶属内蒙古自治区阿拉善盟额济纳旗。额济纳旗地处中国北疆,位于内蒙古自治区最西端,地理坐标东经 97°10′～103°7′,北纬 39°52′～42°47′,东邻阿拉善右旗,西靠甘肃省肃北县,南与甘肃省金塔县和玉门市相连,北与蒙古人民共和国接壤。国境线全长 507. 14 km,旗境东西最长 488. 59 km,南北最宽 324. 22 km,总面积为 11. 46 万 km^2,占阿拉善盟总面积的 42%,是内蒙古自治区面积最大的旗(县)。

1.3.1.2　气候地貌

额济纳三角洲处于典型的温带大陆性干旱气候区,冬季干冷,夏季酷热,降水少而蒸发剧烈,风大且沙尘暴较多,属于典型的极端干旱区。

根据额济纳旗气象站1961~2016年的观测资料,该区日照充足,多年平均日照时数为3 384 h,多年平均大气压强为90.9 kPa。多年平均气温为9.0 ℃,日均气温0 ℃以上持续时期为3月中旬至10月下旬;年内气温温差大,夏季平均气温为25.6 ℃,极端高温为43.7 ℃(2010年7月28日),冬季平均气温为-7.6 ℃,极端低温为-35.3 ℃(1964年2月9日)。

额济纳三角洲多年平均降水量为35.5 mm。过去50年间,年极端最大降水量101.1 mm(1969年)、最小降水量7.0 mm(1983年),降水的年际分布差异较大,年极值比为14.4,多年平均降水量的变差系数为0.57。降水年内分配极不均匀,季节分布差异明显。降水主要集中在6~9月,占全年降水量的73.3%,其中6~8月降水占全年降水量的60%以上。多年平均潜在蒸散发量为1 471.8 mm,最大值为1 663.4 mm(1972年)、最小值为1 336.4 mm(1993年)。干旱指数(年蒸发能力和年降水量的比值)为57,属于极端干旱区。

额济纳三角洲地势低平,海拔820~1 127 m,总体自西南向东北缓慢倾斜,地面坡降1‰~3‰(《中华人民共和国区域水文地质普查报告》1980;武选民等,2002)。三角洲内除沿河植被分布较为集中外,大部分是戈壁、低山丘陵风蚀地、沙地和盐碱地。

1.3.1.3　河流水系

黑河是流入额济纳三角洲唯一的河流,于狼心山分为东、西两个分支,分别汇入位于三角洲北部的尾闾湖泊——东、西居延海(见图1-2),其中西居延海已于1961年完全干涸。自20世纪60年代以来,中游来水量减少,西、东居延海相继干涸。2000年后,实施生态输水工程,修建了东干渠等人工渠道。东河、西河下游各发散成几条分支河流,东河分支河流流入灌溉绿洲区的林地和草场,其中部分水量直接进入东居延海;西河分支河流主要灌溉天然绿洲区的草场,仅在丰水年份有少量水流入西居延海。

1.3.1.4　植被土壤

额济纳三角洲的植被可以分为河岸带植被和荒漠植被。河岸带植被沿河岸或湖岸呈带状或环状分布,物种多样性较丰富,垂直并远离河岸或湖岸方向的植被呈现湿生→中生→旱生逐渐过渡的分布格局(朱军涛等,2011)。河岸带植被的建群种主要为乔木类的胡杨、沙枣,半灌木、灌木类的红柳。伴生植物有半灌木、灌木类的黑果枸杞、白刺、盐爪爪、枇杷柴、骆驼刺、沙拐枣、沙蒿及多年生草本植物类的甘草、芨芨草、骆驼蓬、苦豆子、花花柴、芦苇和一年生草本植物碱蓬、盐角草,覆盖度高。荒漠植被以旱生、超旱生、耐盐碱荒漠植物为主。植物群落结构简单,种间依赖关系不强,密度、盖度较低。主要的物种为骆驼刺、沙拐枣、白刺、枇杷柴、麻黄、沙蒿,偶见梭梭,它们的生长状况一般较差。植被在空间分布上呈现沿河和地带性分布的特征,其他区域极为稀疏,且有大面积完全无植被的戈壁,裸露土地面积大大超过了植被覆盖的面积。自20世纪60年代以来,中游来水量减少,浅层地下水位持续下降,沿河分布的胡杨、柽柳、苦豆子等植被大面积枯死。2000年实施生态输水后,绿洲区植被和荒漠区植被开始恢复。

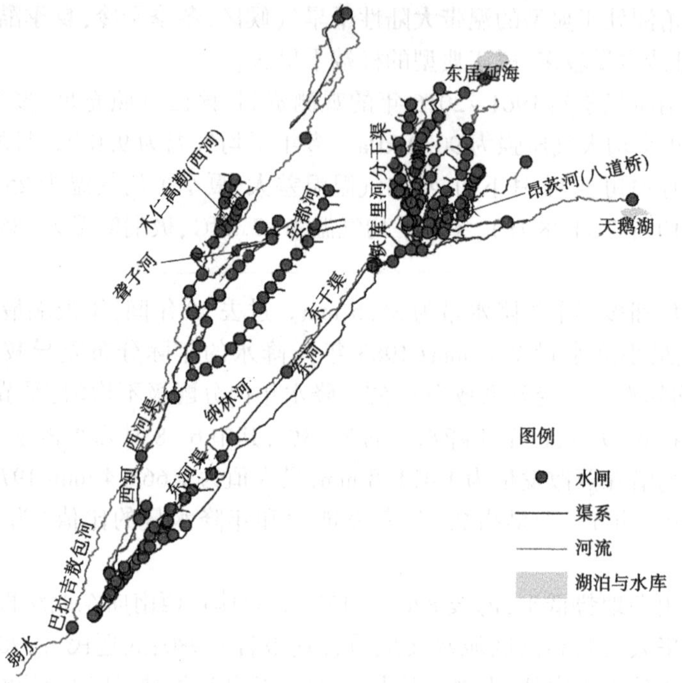

图 1-2　额济纳三角洲河网分布

额济纳三角洲的土壤属地带性灰棕荒漠土和石膏性灰棕荒漠土(蒋晓辉等,2020),天然绿洲内多是草甸土、盐化草甸土、风沙土等,局部有盐化沼泽土和沼泽盐土出现。土壤组成多为粗砂砾石,有效土层薄、土体干燥、土壤可溶盐聚集。从西南向东北颗粒由粗变细,由砂砾石、中粗砂、中细砂向额济纳冲积平原区尾部的居延海附近的黏土与粉细砂层转变。

1.3.1.5　水文地质

额济纳三角洲所在的额济纳盆地北、西、东三面环山,仅南面为三角洲平原入口,额济纳盆地具有相对完整的地下水流动系统,是一个相对独立的水文地质单元。含水层系统由盆地周边的基岩裂隙潜水含水层、盆地内部第四系潜水及潜水与承压水含水层构成,其中第四系地层是绿洲区内含水层系统的主体(见图 1-3)。盆地从南部向北部、东部逐渐由单层结构潜水系统向双层或多层结构的潜水-承压水系统转变。盆地内含水层以冲洪积物为主,其物质成分主要为砂、砂黏土和黏土。盆地自南而北,含水层岩性颗粒渐细,含水层的富水性由强变弱,含水层层次增多。盆地东、西居延海以北的含水层组成以冲洪积物为主,结构相对简单,而其以南地区沉积层为湖积和冲洪积物交叉堆积,含水层岩性变化复杂。

额济纳区域内的第四系含水层垂向补给主要为黑河中上游的季节性地表径流的渗漏补给,此外还有大气降水入渗至土壤,但是降水并未直接补给地下水,而是在到达地下水位之前就通过蒸发耗散并返回大气。额济纳盆地第四系含水层的侧向补给包括来自东南部巴丹吉林沙漠的潜水径流补给、鼎新盆地向额济纳盆地的潜流补给及少量外围山区基岩裂隙孔隙水含水层的补给。武选民等(2022)综合分析了不同地段的钻孔资料和 1999 年 10 月实测的地下水力梯度,研究结果显示盆地地下水系统获得的侧向径流补给总量为 1.44 亿 m^3/a,其中鼎新盆地 0.11 亿 m^3/a、巴丹吉林沙漠 1.29 亿 m^3/a、北部山区及其他地区 0.04 亿 m^3/a。此外,第四系含水层地下水的排泄以潜水蒸发、植被蒸腾为主,也伴有开采地下水来灌溉农田。

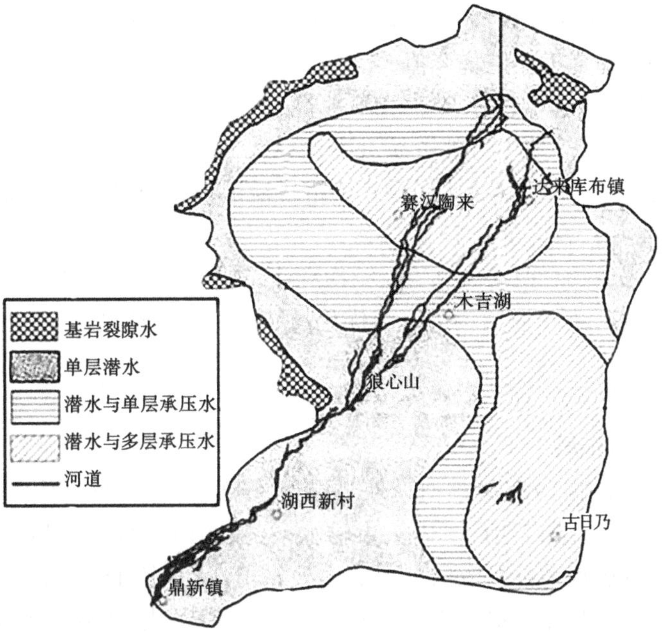

图 1-3　额济纳盆地水文地质分布图(武选民等,2002;闵雷雷,2013)

额济纳三角洲地下水埋深较浅,且呈现出从南到北埋深逐渐增大的趋势,局部区域埋深较浅,如东居延海周边有潜水出漏。地下水位受河道来水影响呈现明显的变化。河道行水期,由于地表水的补给作用,地下水位抬高;河道非行水期,由于土壤蒸发和植被蒸腾耗散,地下水位下降。

1.3.2　社会经济

1.3.2.1　人口

额济纳旗行政区划隶属内蒙古阿拉善盟,是一个以蒙古族为主体,汉族居多数的多民族聚居区。截至 2022 年,全旗辖 3 个镇 6 个苏木 2 个街道办 21 个嘎查 9 个社区。截至 2021 年,全旗常住人口约 3.2 万人。

1.3.2.2　产业结构

根据额济纳旗国民经济和社会发展统计公报,第一产业:全旗农作物播种面积 43.30

km^2。其中,粮食作物播种面积 1.02 km^2:玉米 0.99 km^2、稻谷 0.03 km^2,粮食总产量 803.9 t。棉花播种面积 1.36 km^2,总产量 183 t;全旗蜜瓜播种面积 38 km^2,占农作物播种面积的 88%。2017 年年末牲畜存栏 9.61 万头(只),同比下降 9.6%;其中:牛存栏 645 头,羊存栏 7.5 万只,骆驼存栏 1.8 万峰,生猪存栏 0.25 万头。

额济纳旗人工造林 294.27 km^2,林业用地面积达 13 534.07 km^2,占全旗土地总面积的 11.81%。全旗森林(有林地、灌木林地)面积 4 922.27 km^2,森林覆盖率 4.3%,活立木总蓄积量达 266 万 m^3。

第二产业:额济纳旗规模以上工业总产值 35.46 亿元,全部工业增加值 14.94 亿元,规模以上工业企业完成工业销售产值 32.56 亿元。

第三产业:额济纳旗累计社会消费品零售总额 13.50 亿元,其中城镇、乡村分别为 10.60 亿元、2.90 亿元。全年对外贸易进出口额 22.59 亿元。额济纳旗接待国内外游客 160.1 万人次,旅游综合收入 22.4 亿元。公路货运量 582.61 万 t、客运量 47.6 万人次,铁路货运量 732.48 万 t、客运量 6.78 万人次。

额济纳旗地区生产总值 43.9 亿元,三次产业结构的比例由 2016 年的 6.4∶28.8∶64.8 调整为 6.7∶30.9∶62.4,产业结构进一步优化,经济实力不断增强。

1.3.3　水利工程

1.3.3.1　工程总体布局

黑河下游除现有的 19 条天然河道外,目前已修建了大量的水利枢纽和渠道工程。自 2001 年以来,黑河下游重点建设了内蒙古输水渠、狼心山分水枢纽和灌区生态水利工程配套设施。内蒙古输水渠自大墩门至狼心山分水枢纽,全长 156 km;狼心山分水枢纽是黑河下游东西河的控制性分水枢纽,工程于 1979 年建成,由 11 孔分水闸和红旗闸组成,其中东河分水闸 9 孔,设计流量 270 m^3/s,西河分水闸包括 2 孔分水闸和红旗闸,设计分水能力 228 m^3/s。狼心山分水闸设计总过水能力为 498 m^3/s。

截至 2011 年,狼心山以下已建成河渠、干渠、分干渠 27 条,支渠 106 条,总流量 1 414.7 m^3/s,渠道总长度 1 408.5 km,其中河渠、干渠、分干渠长度 1 147.2 km,支渠长度 261.3 km;衬砌总长度 231.1 km;水闸 386 个,跌水陡坡 30 个,农桥 20 座。其中,东干渠总长度 109.7 km,全部衬砌,支渠 17 条,长度 39.5 km,水闸 35 座;东河灌域干渠总长度 583.4 km,支渠 81 条,长度 210 km,衬砌长度 121.4 km,水闸 246 座;西河灌域干渠总长度 454.1 km,支渠 8 条,长度 11.8 km,无衬砌,水闸 105 座(见表 1-2)。

表 1-2　额济纳绿洲现有渠道工程统计结果

工程名称	上级渠道	长度/km	支渠		衬砌/km	水闸/座
			条	长度/km		
一、东干渠	黑河	109.7	17	39.5	109.7	35
二、东河灌域		583.4	81	210	121.4	246

续表 1-2

工程名称		上级渠道	长度/km	支渠		衬砌/km	水闸/座
				条	长度/km		
分干渠	东河渠	黑河	121	—	—	—	1
	纳林河渠	东河渠	122. 1	2	3. 5	0. 3	15
	铁库里分干渠	东河渠	39. 7	16	44. 5	50. 1	46
	一道河渠	东河渠	62. 9	2	18. 9	—	19
	二道河分干渠	一道河渠	27. 2	16	39. 6	24. 3	40
	三道河渠	一道河渠	49. 4	2	6. 4	—	8
	四道河分干渠	东河渠	37. 9	20	47. 1	14. 6	48
	六道河分干渠	昂茨河分干渠	12. 4	12	21. 1	19. 4	7
	昂茨河分干渠	四道河分干渠	34. 9	5	14. 7	12. 7	30
	昂茨河渠	东河渠	57	—	—	—	29
	班布尔河分干渠	东河渠	18. 9	6	14. 2	—	3
三、西河灌域			454. 1	8	11. 8	—	105
分干渠	西河渠	黑河	108. 7	—	—	—	10
	乌兰艾立格河渠	西河渠	83. 9	1	1. 2	—	20
	哈特台河渠	西河渠	21. 4	1	8	—	3
	哈亚日陶来枢纽右二分干渠	西河渠	6. 1	—	—	—	7
	库伦哈那枢纽右一分干渠	西河渠	2. 6	2	0. 3	—	4
	库伦哈那枢纽左一分干渠	西河渠	1. 3	2	0. 7	—	4
	聋子河渠	西河渠	54	—	—	—	17
	安都河渠	聋子河渠	55. 4	—	—	—	22
	马特格尔河上段渠道	西河渠	6. 7	—	—	—	2
	马特格尔河下段渠道	乌兰艾立格河渠	14	—	—	—	7
	孟克图枢纽引水渠	西河渠	2	—	—	—	1
	穆林河渠	西河渠	88. 9	—	—	—	2
	托格若格枢纽右三分干渠	西河渠	3. 7	—	—	—	1
	厢根宝勒格枢纽右四分干渠	西河渠	4	2	1. 6	—	4
	厢根宝勒格枢纽左四分干渠	西河渠	1. 4	—	—	—	1
合计			1 147. 2	106	261. 3	231. 1	386

1.3.3.2　东干渠工程布局

东干渠工程从狼心山分水闸向下沿纳林河东岸布置,渠道全长 110 km,在狼心山分水闸以下 18 km 处向左分出纳林河,河道基本与东河平行向下延伸。该河段绿洲主要分布在布达格斯以上 50 km 沿河范围内,以下河道穿行于戈壁滩上,突出问题是沿河植被稀少、河道蒸发、渗漏损失严重。目前,主要在东干渠上、中段布置支渠,并配套斗渠及灌区配套工程,进行沿河绿洲人工灌溉。

1.3.3.3　东河工程布局

昂茨河分水枢纽由节制闸和 4 座分水闸组成,分别为铁库里河分水闸、一道河分水闸、四道河分水闸和班布尔河分水闸。昂茨河分水闸以下工程总体布局为:在目前的 11 条自然河道中,利用其中 6 条河道裁弯取直,缩小断面面积,建成 6 条分干渠,提高输水效率,对 6 条分干渠进行 3 级配套及灌区配套工程建设,进行人工灌溉;保留 1 条相对顺直、过水能力大的自然河行洪,并对河道进行理顺、疏浚,其余河道自然废除。利用铁库里河、二道河、四道河、六道河、昂茨河和班布尔河建设 6 条分干渠,一道河作为行洪河道(见图 1-4)。

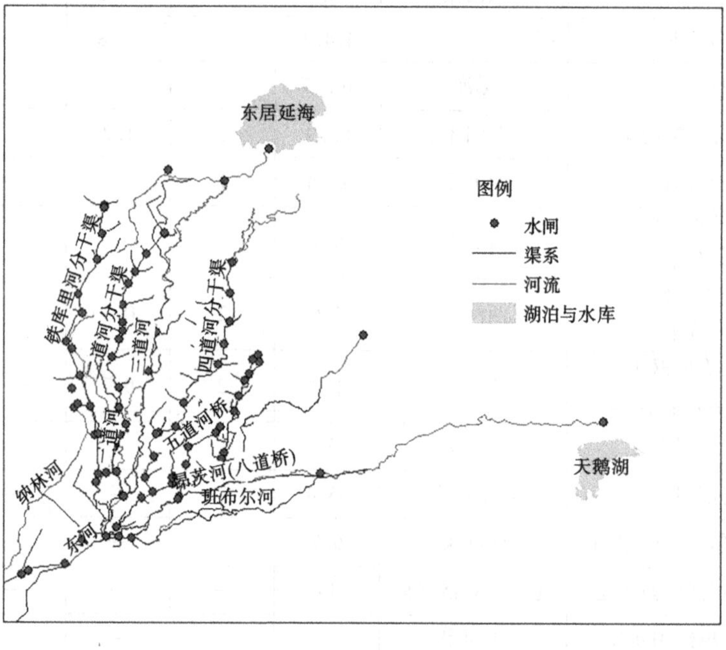

图 1-4　东河区主要河道、渠道及水利枢纽分布

具体布置为:铁库里河分干渠全长 39.7 km,控制灌溉面积 9.8 万亩,沿干渠向左侧布置支渠,支渠以下设斗渠及灌溉配套工程,支渠设置分水闸和节制闸,斗渠设斗口,布置支渠 16 条总长 44.5 km;二道河分干渠全长 27.2 km,控制灌溉面积 13.6 万亩,干渠尽可能沿二道河一侧下行,同时尽可能利用现有工程及分水闸,沿干渠两侧进行双向灌溉,布置支渠 16 条总长 39.6 km;四道河分干渠全长 37.9 km,控制灌溉面积 16.5 万亩,四道河分干公路以南 14.6 km 全断面衬砌,公路以北的 23.5 km 对河道进行必要的裁弯取直,理顺疏浚,缩小断面面积,提高输水效率,布置支渠 20 条总长 47.1 km;六道河分干渠全长

12.4 km，控制灌溉面积8.5万亩，沿干渠两侧设置支渠和斗渠，进行双向灌溉，建设灌区配套工程，支渠设置分水闸和节制闸，斗渠设置斗口，布置支渠12条，总长21.1 km；昂茨河分干渠全长34.9 km（含昂茨河分干农场南干渠），控制灌溉面积9.7万亩，沿干渠左侧设置支渠和斗渠，并建设灌区配套工程，进行人工灌溉，支渠设置分水闸和节制闸，斗渠设置斗口，布置支渠5条总长14.7 km；班布尔河分干渠全长18.9 km，控制灌溉面积42 km^2，沿干渠布置支渠和斗渠，进行浸润灌溉，布置支渠6条14.2 km。

1.3.3.4 西河工程布局

西河工程布局（见图1-5）主要是对西河进行“堵支强干”，进一步提高西河的输水效率，

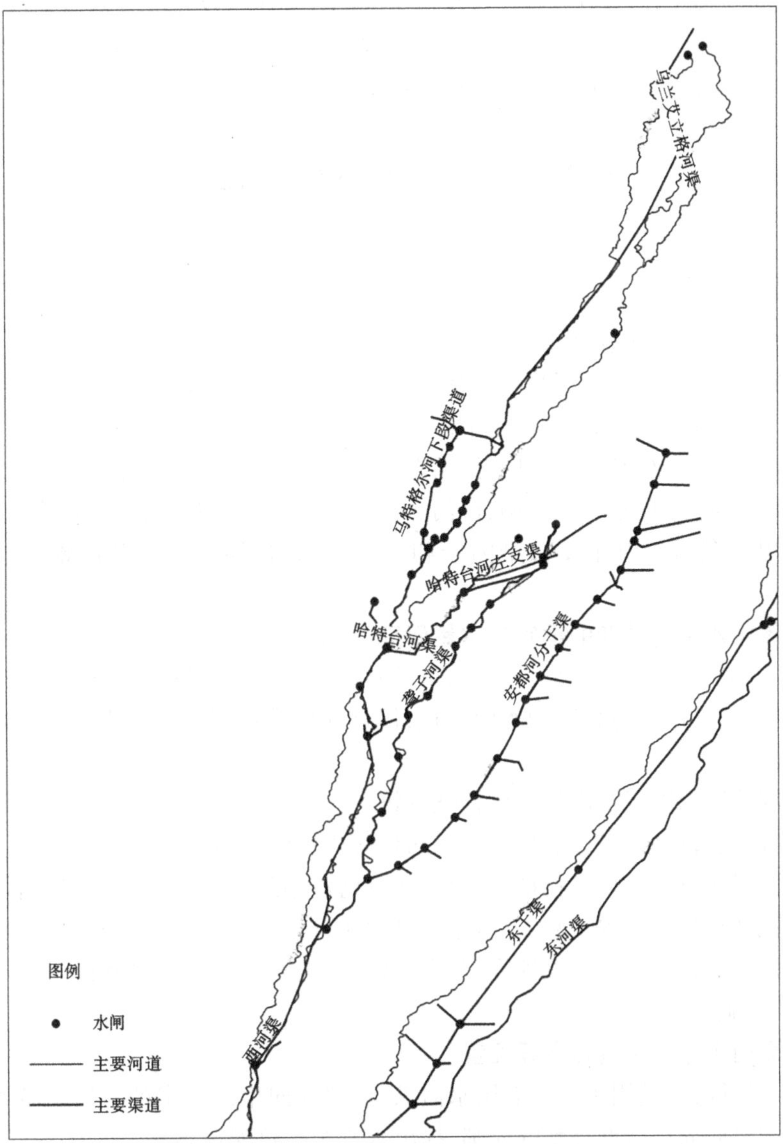

图1-5 西河区主要河道、渠道及水利枢纽分布

即对河宽较大、河弯较多、支汊发育的河段进行必要的清理、归顺主河槽，提高输水效率。同时，对需供水的河汊考虑预设闸门，进行人工灌溉，满足植被的需水要求。在西河狼心山—孟克图河段，河长 60 km，河道宽浅，流路紊乱，沿河有多处低洼地，为提高绿洲灌水效率，依河道地形特点修建 4 座分水闸，控制西河较大支汊，适时向汊河供水灌溉。从孟克图以下敖勒图淖尔附近，河道向中戈壁分出安都河和聋子河，安都河建有安都河水闸，上段有 35 km 的空流段，从特勒根布拉格进入绿洲，因此安都河上段未安排水利工程，只进行河道整治、理顺、疏浚，提高输水效率。从孟克图莱茨格敖包主河道基本分为东西两股，西股沙漠化严重，两股河道沿河都有绿洲分布，东股绿洲较好，因此该河道维持现状，未安排大的工程措施，但对两股河道进行理顺，以提高莱茨格敖包以下的输水速率。乌兰艾立格河和马特格尔河基本控制了莱茨格敖包以下绿洲的 90%，是西河绿洲保护的重点，主要对河道进行疏浚治理，而且沿河每 3 km 修建节制闸，沿节制闸两翼建灌溉埂坝或支渠。

1.4 研究内容和技术路线

1.4.1 研究内容

1.4.1.1 水生态状况本底调查

开展资料收集工作，主要包括：①社会经济资料；②气象水文、水质、泥沙等；③各大高校、科研院所开展的水资源、农林、地下水、湖泊、地质等相关研究成果；④其他相关成果。

在资料收集和分析基础上，开展黑河东居延海水生态本底调查，重点包括入湖河道水质监测、湖泊水质调查、水生生物调查、河床底泥调查等。通过对湖区及河流水生态调查监测，明确黑河东居延海主要污染因子和污染源；解析周边绿洲和湿地生态系统变化规律。

1.4.1.2 维持水生态功能的适宜需水量研究

在研究不同情景下东居延海入湖水量的基础上，基于东居延海生态功能定位，研究维持东居延海生态功能的适宜湖泊水面面积，优化提出维持东居延海生态系统功能健康的适宜生态需水量。

1.4.1.3 湖泊淤积过程及底泥物化特征分析

开展东居延海库区地形勘测，结合东居延海历史地形勘测数据，综合分析东居延海泥沙淤积过程、淤积形态及分布特征，提出东居延海减淤措施；布置典型点进行淤积泥沙采样，开展底泥物化特性室内实验，厘清东居延海不同区域的底泥污染程度、污染范围及泥沙组成；划定东居延海可清淤泥沙量、范围及深度，为东居延海清淤和改善水动力条件工程措施提供基础支撑。

1.4.1.4 面向生态的水资源合理配置

基于东居延海及其周边的生态用水需求，构建面向生态需求的东居延海水资源配置模型，结合相机向周边绿洲补水的原则，提出水资源高效配置方案。

1.4.1.5 水生态保护与修复措施

基于上述专题研究成果，针对黑河东居延海水生态问题及胁迫因素，面向水生态保护与修复目标,提出不同水生态问题的保护与修复措施。

1.4.2　技术路线

项目按照"水生态问题诊断—水生态保护对象及目标—水生态修复目标—专题研究—水生态修复措施"的总体思路开展研究,技术路线见图 1-6。通过分析问题,提出水生态保护对象及目标;针对生态保护对象及目标,提出生态修复目标;通过水生态本底调查、水生态适宜需水量研究、淤积过程泥沙特征和水资源配置等研究,提出水生态修复措施。

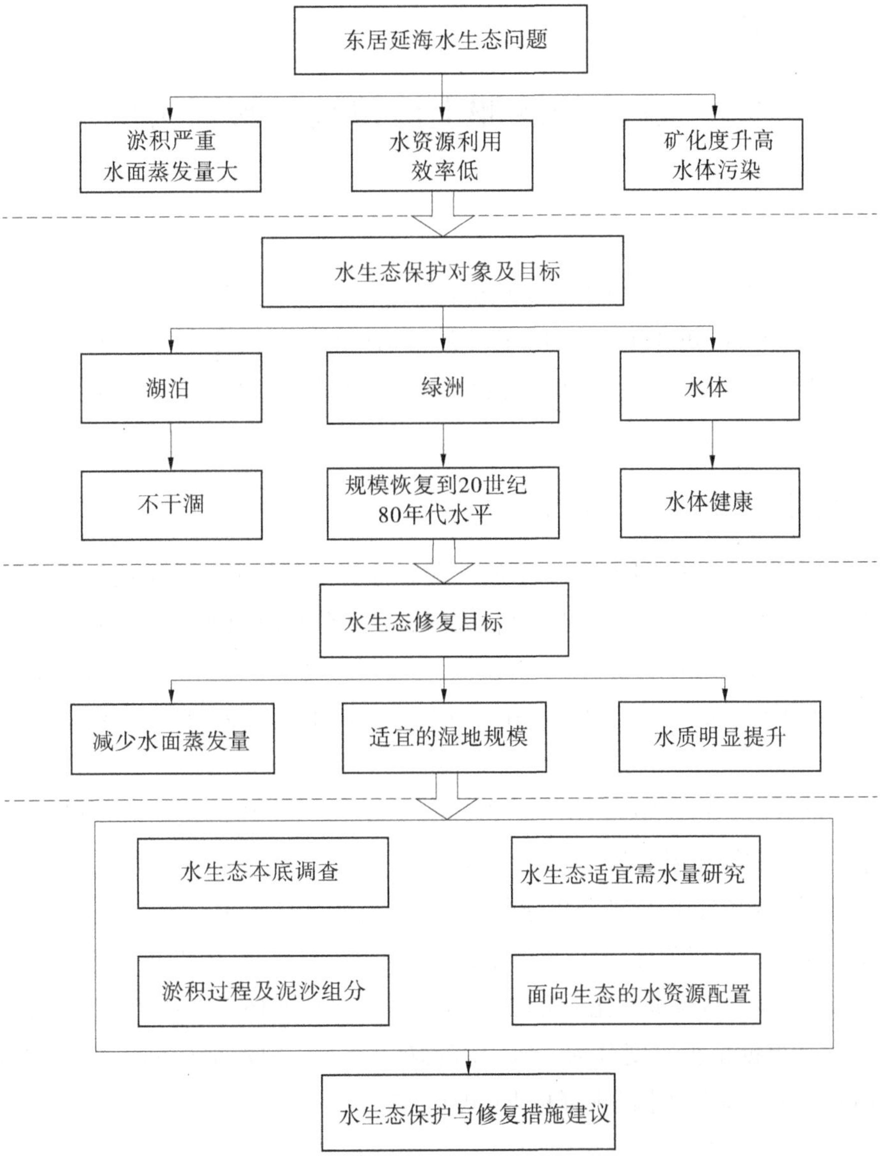

图 1-6　技术路线

第2章 额济纳绿洲覆被变化分析

本章主要介绍额济纳绿洲土地覆被变化，主要基于遥感技术，采用计算机自动分类和目视解译相结合的方法，利用覆盖研究区的不同年代（20世纪80年代中期、1999年、2010年和现状年2018年）遥感影像，解译获取对应年代的绿洲覆被数据，利用覆被转移矩阵等方法，分析不同阶段绿洲覆被变化情况。

2.1 额济纳绿洲土地覆被的解译方法

2.1.1 研究方法

结合本次解译的目标，为突出显示植被特征，本次对TM、ETM+影像采用4、3、2通道进行假彩色合成，在ArcGIS软件支持下，根据实地调查和其他文字资料，采用计算机自动分类和目视解译相结合的方法，对各时期的遥感影像按照一定的分类标准进行信息提取与制图，具体解译流程见图2-1。

2.1.2 信息源与解译标志建立

（1）遥感影像：选取分水前和分水后三期影像为主要数据。分水前包括20世纪80年代中期（1987年，参考年）TM假彩色合成图2景和分水前（1999年）TM假彩色合成图6景，分水后（2010年）SPOT和ETM+假彩色合成图。现状年（2018年）ETM+假彩色合成图6景（见表2-1）。时相均为夏、秋季（7～9月），采用4、3、2波段做红、绿、蓝标准假彩色合成。

（2）辅助数据：30 m×30 m DEM栅格数据、“数字黑河”中的黑河流域相关基础地理信息数据、植被分布图及野外实地考察数据。

本次遥感影像解译的覆被变化分类参照国家覆被类型二级分类标准进行。根据生态需水计算的要求和结果的准确性，结合解译要素、图像的种类、季节、比例尺、地理区域和研究对象等，将研究区覆被变化分为以下10个一级类型和16个二级类型。乔木、灌木和草地二级类型根据植被盖度分为三级：高覆被（>75%）、中覆被（15%～75%）及低覆被（5%～15%），建立地类要素的解译标志（见表2-2）。

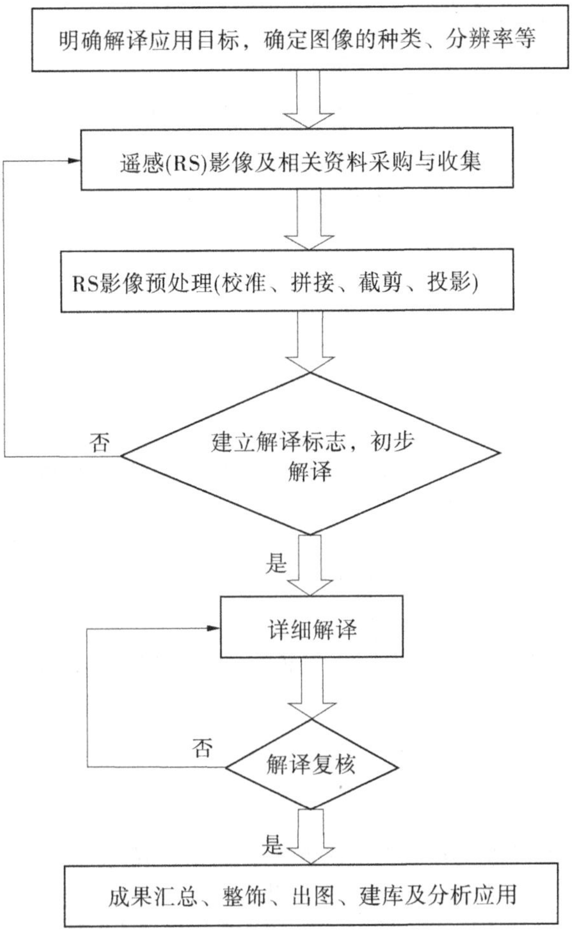

图 2-1　遥感解译流程

表 2-1　额济纳绿洲多期覆被变化解译所用数据源

年份	主要数据源	轨道号/行号	时相	采用波段
1987	TM	133/31、134/31	7~9 月	4(红)、3(绿)、2(蓝)
1999	TM	133/31、133/32、134/31、134/32、135/31、135/32	7~9 月	4(红)、3(绿)、2(蓝)
2010	SPOT 和 ETM^{+}	133/31、133/32、134/31、134/32、135/31、135/32	7~9 月	4(红)、3(绿)、2(蓝)
2018	ETM^{+}	133/31、133/32、134/31、134/32、135/31、135/32	7~9 月	4(红)、3(绿)、2(蓝)

表 2-2 额济纳绿洲主要覆被类型遥感影像 4、3、2 波段合成解译标志

一级类型	二级类型	解译标志	
		TM4、3、2 假彩色合成影像特征	图像
乔木	高覆被乔木	散布于绿洲之中,多沿河流分布,颜色呈深紫色,多呈片状或线状分布	
	中覆被乔木	多沿河流分布,颜色呈紫色,与草地相间分布,但颜色较深,植被覆盖相对较低	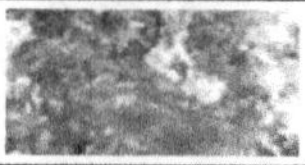
	低覆被乔木	呈零散分布,颜色呈紫色	
灌木	高覆被灌木	主要沿河流及低洼处分布,颜色呈紫黑色,纹理较乔木细腻	
	中覆被灌木	主要沿河流及低洼处分布,颜色呈紫色,纹理较细腻,植被覆盖相对较低	
	低覆被灌木	呈零散分布,颜色呈浅紫色,植被覆盖低	
草地	高覆被草地	主要分布于低山地区,颜色深红,纹理细密,较平滑,呈片状	
	中覆被草地	主要分布于低山地区,颜色浅红,纹理较细密,看上去较零散	
	低覆被草地	颜色暗红至灰白色,纹理较细密,沿河谷、盆地的外缘、宽谷与山坡下部地带呈片状	
耕地	耕地	一般呈浅红色-红色,含水程度较高时农作物呈红色,田埂呈现的棋盘格状纹形图案清晰	
居民地	居民地	颜色呈浅色调,具有零星的点散布其中,呈较规则形状,周围有线条状的道路相通	
水体	水体	水体一般较易分辨,影像一般深蓝色,呈带状分布	
基岩	基岩	颜色一般呈灰色,与周围的地类形成明显的反差,一般与亮白色的积雪相间分布	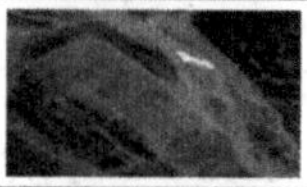
荒漠	荒漠	具明显的沙波纹,颜色为土灰色	
盐碱地	盐碱地	一般较易识别,颜色呈亮白色,与周围的地类形成明显反差	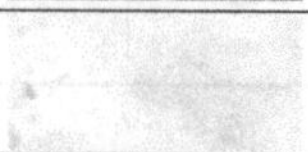
戈壁	戈壁	颜色呈黑灰色,纹理较为细密,与周围地类形成明显的反差	

2.2　额济纳绿洲不同年代绿洲土地覆被

2.2.1　20 世纪 80 年代中期额济纳绿洲土地覆被

1987 年额济纳绿洲土地覆被如表 2-3 和图 2-2 所示。从表 2-3 可知，1987 年绿洲总面积为 3 629.6 km^2，胡杨林、灌木林、草本、耕地占总绿洲面积的比例分别为 12.09%、26.92%、60.29%、0.70%。胡杨林面积为 438.9 km^2，其中盖度>75%的面积为 132.8 km^2，盖度在 15%~75%的面积为 162.3 km^2，盖度在 5%~15%的面积为 143.8 km^2；灌木林面积为 977.1 km^2，其中盖度>75%的面积为 311.4 km^2，盖度在 15%~75%的面积为 665.7 km^2；草地的面积为 2 188.4 km^2，其中盖度>75%的面积为 468 km^2，盖度在 15%~75%的面积为 1 720.4 km^2；耕地面积为 25.2 km^2。非绿洲面积 56 308.1 km^2，其中居民地面积 12.3 km^2、水域面积 216.3 km^2［东居延海面积 36.67 km^2、天鹅湖（京斯图淖尔）无水］。

表 2-3　额济纳绿洲不同水平年绿洲土地覆被及变化　单位：km^2

绿洲区					非绿洲区				
覆被类型	1987 年	1999 年	2010 年	2018 年	覆被类型	1987 年	1999 年	2010 年	2018 年
高覆被乔木	132.8	129.8	126.2	128.9	低覆被灌木	170.7	171.9	161.8	238
中覆被乔木	162.3	155.6	152.1	153	低覆被草地	1 318.2	1 363	1 350.7	1 273.5
低覆被乔木	143.8	104.9	104.7	106.2	建设用地	12.3	13.3	17.4	19.6
高覆被灌木	311.4	251.1	303.3	350.3	水体	216.3	172.1	218.6	232.8
中覆被灌木	665.7	570.5	605.3	679.3	基岩	9 598.4	9 598.4	9 598.4	9 598.4
高覆被草地	468	493	513.1	468.5	戈壁	35 276.3	35 299	35 281.4	35 410.6
中覆被草地	1 720.4	1 585.2	1 586.3	1 651	沙地	5 063.7	5 063.7	5 063.7	4 920.4
耕地	25.2	38.4	61.6	62.5	盐碱地	2 351.6	2 505.9	2 391	2 025.1
—	—	—	—	—	裸土地	2 300.6	2 421.9	2 402.1	2 619.6
小计	3 629.6	3 328.5	3 452.6	3 599.7	小计	56 308.1	56 609.2	56 485.1	56 338

从图 2-2 可见，20 世纪 80 年代中期（1987 年）额济纳绿洲主要分布于东、西两河及古日乃区，主要受地表水和地下水的滋养，具有沿河、沿湖分布的特点，正所谓“有水就是绿洲，无水即是荒漠”。就沿河绿洲分布而言，具有东河区域中上段少，下段多，西河区域中上段多、下段少的特点。

东河中上游绿洲主要分布在纳林河口—布都格斯河段，呈断续斑块状，植被斑块内盖度一般可达 60%以上，代表植被为胡杨、柽柳及苦豆子、甘草；斑块与斑块之间植被稀少。布都格斯以下 50 km 植被分布零星稀疏。东河下游自昂茨河分水闸之后，进入额济纳绿洲植被分布最为集中的部分，植被盖度在绿洲腹地可达 70%以上，植被种类主要有胡杨、柽柳、苦豆子、胖姑娘等，边缘区盖度在 40%~70%，植被种类主要为柽柳，同时分布有盖度在 10%~30%的骆驼刺、梭梭等荒漠植被。

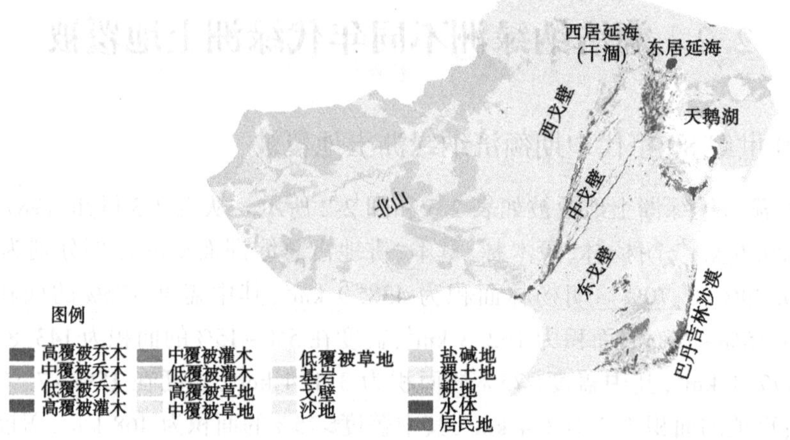

图 2-2　1987 年额济纳绿洲土地覆被状况

西河自狼心山至赛汉陶来是一条完整的绿洲带，植被盖度在 40%～70%，代表植被为胡杨，柽柳次之，苦豆子、胖姑娘等草本生长茂盛，其中赛汉陶来为西河绿洲最为集中的区域。赛汉陶来以下植被稀疏，呈零星分布。

古日乃区分布于戈壁与沙地的过渡带，植被盖度在 30%～50%，以荒漠草本植被为主，如梭梭，沙枣、骆驼刺、苦豆子等，胡杨零星分布。

2.2.2　分水前(1999 年)额济纳绿洲土地覆被

分水前(1999 年)额济纳绿洲土地覆被如表 2-3 和图 2-3 所示。从表 2-3 可知，1999 年绿洲总面积为 3 328.5 km^2，胡杨林、灌木林、草本、耕地占总绿洲面积的比例分别为 11.73%、24.68%、62.44%、1.15%。胡杨林面积为 390.3 km^2，其中盖度>75%的面积为

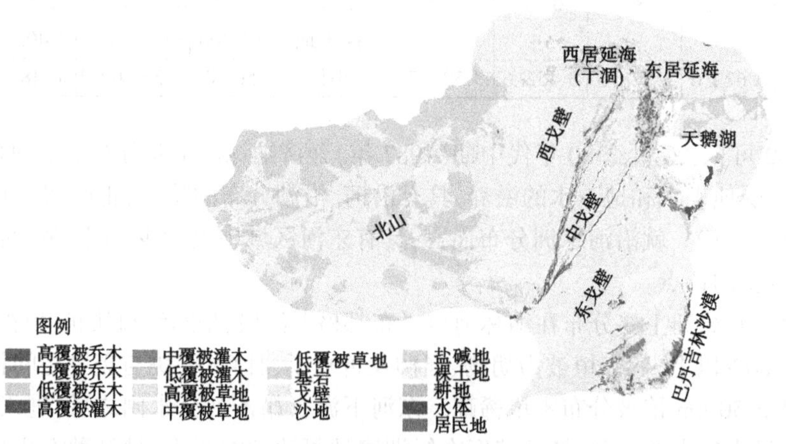

图 2-3　1999 年额济纳绿洲土地覆被覆被状况

129.8 km^2，盖度在 15%～75%的面积为 155.6 km^2，盖度在 5%～15%的面积为 104.9 km^2；灌木林面积为 821.6 km^2，其中盖度>75%的面积为 251.1 km^2，盖度在 15%～75%的面积为 570.5 km^2；草地的面积为 2 078.2 km^2，其中盖度>75%的面积为 493 km^2，盖度在 15%～75%的面积为 1 585.2 km^2；耕地面积为 38.4 km^2。非绿洲面积 56 609.2 km^2，其中居民地面积 13.3 km^2、水体面积 172.1 km^2（东居延海干涸，而木吉湖和沫浓湖仍保持 1987 年的水平）。

从图 2-3 可见，与 1987 年绿洲植被相比，其整体空间分布格局未发生显著的变化，而局部地区植被退化明显，尤其在东居延海湖区周围，胡杨林、沙枣、柽柳大量干枯、死亡，草场退化，沙漠化现象严重。自 1992 年东居延海干涸后，由于河道断流时间增加，东、西两河下游植被盖度明显降低，斑块呈破碎化分布，东河绿洲植被退化程度明显高于西河，同时植被种类大幅度减少，群落结构发生重塑。古日乃区绿洲变化不明显。

2.2.3　分水后（2010 年）额济纳绿洲土地覆被

分水后（2010 年）研究区不同覆被变化解译结果如表 2-3 和图 2-4 所示。从表 2-3 可知，2010 年绿洲总面积为 3 452.6 km^2，胡杨林、灌木林、草本、耕地占总绿洲面积的比例分别为 11.09%、26.32%、60.81%、1.78%。胡杨林面积为 383 km^2，其中盖度>75%的面积为 126.2 km^2，盖度在 15%～75%的面积为 152.1 km^2，盖度在 5%～15%的面积为 104.7 km^2；灌木林面积为 908.6 km^2，其中盖度>75%的面积为 303.3 km^2，盖度在 15%～75%的面积为 605.3 km^2；草地的面积为 2 099.4 km^2，其中盖度>75%的面积为 513.1 km^2，盖度在 15%～75%的面积为 1 586.3 km^2；耕地面积为 61.6 km^2。非绿洲面积 56 485.1 km^2，其中居民地面积 17.4 km^2、水体面积 218.6 km^2（东居延海面积 42.68 km^2，天鹅湖面积 23.44 km^2，木吉湖和沫浓湖基本消失）。

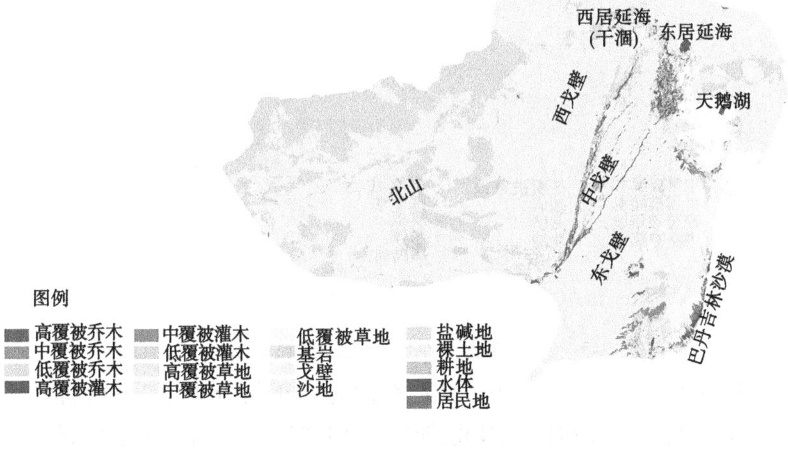

图 2-4　2010 年额济纳绿洲土地覆被状况

从图 2-4 可见,自黑河分水方案实施之后,影像时相正值分水季节,东居延海已有水体存在,河流水流未间断。局部地区植被得到恢复,但整体分布格局未发生显著变化,尤其在东居延海湖区周围,植被并未因湖泊注水而迅速恢复。由此可见,天然植被的恢复具有滞后性,其植被一旦遭到破坏,在短期内恢复到 20 世纪 80 年代水平是极为困难的,同时可能与分水季节有较大的关系,7 月、9 月分水只能保证植被不再退化,而无法保证种子萌发,使植被类型面积变化不大。

2.2.4 现状年(2018 年)额济纳绿洲土地覆被

选取 2018 年 8 月研究区 Landsat 8 遥感影像,经过大气校正和地形校正,采用标准假彩色(红 4,绿 3,蓝 2),对现状年(2018 年)研究区不同覆被变化进行解译,解译结果如表 2-3 和图 2-5 所示。从表 2-3 可知,2018 年绿洲总面积为 3599. 7 km^2,胡杨林、灌木林、草本、耕地占总绿洲面积的比例分别为 10. 78%、28. 60%、58. 88%、1. 74%。胡杨林面积为 388. 1 km^2,其中盖度>75%的面积为 128. 9 km^2,盖度在 15%~75%的面积为 153 km^2,盖度在 5%~15%的面积为 106. 2 km^2;灌木林面积为 1 029. 6 km^2,其中盖度>75%的面积为 350. 3 km^2,盖度在 15%~75%的面积为 679. 3 km^2;草地的面积为 2 119. 5 km^2,其中盖度>75%的面积为 468. 5 km^2,盖度在 15%~75%的面积为 1 651 km^2;耕地面积为 62. 5 km^2。非绿洲面积 56 338 km^2,其中建设用地面积 19. 6 km^2、水体面积 232. 8 km^2(除东居延海和天鹅湖外,在八道桥沙丘附近形成 6 km^2 的水域,西居延海亦形成面积约 2 km^2 的湖面,这可能是当时正值分水期,有大量的洪水注入,在影像上能明显看到水流形成的湿地)。

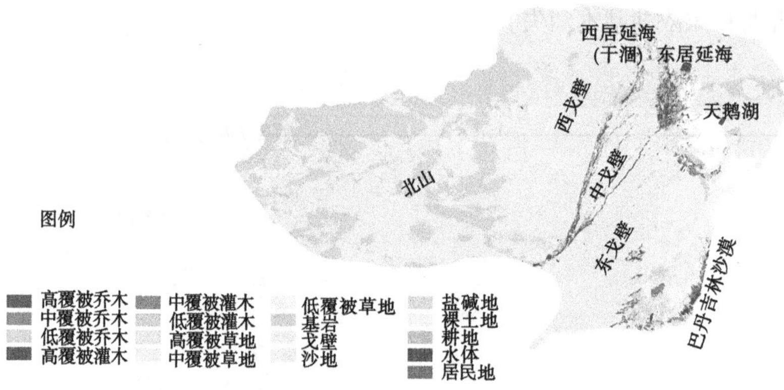

图 2-5　2018 年额济纳绿洲土地覆被状况

由图 2-5 可知,自黑河分水方案实施之后,影像时相正值分水季节,东居延海已有水体存在,河流水流未间断。局部地区植被得到恢复,但整体分布格局未发生显著变化。但是,相比于 2010 年,植被生长整体状况明显好转,尤其在东居延海与西居延海之间的河道沿岸,植被因湖泊注水而迅速恢复。

2.3　额济纳绿洲不同年代绿洲土地覆被变化

2.3.1　1987~1999 年额济纳绿洲土地覆被变化

1987~1999 年,额济纳绿洲覆被面积变化如表 2-4 所示。结果显示,1987~1999 年绿洲面积减少 301.1 km^2,其中高覆被乔木面积减少 3 km^2,中覆被乔木面积减少 6.7 km^2,低覆被乔木面积减少 38.9 km^2;高覆被灌木面积减少 60.3 km^2,中覆被灌木面积减少 95.2 km^2;高覆被草地面积增加 25 km^2,中覆被草地面积减少 135.2 km^2;耕地面积增加 13.2 km^2。非绿洲面积增加 301.1 km^2,除水体面积减少 44.2 km^2 外,其他地类面积均保持增加或不变的态势。由此可见,1987~1999 年额济纳绿洲退化严重,尤以中覆被草地和中覆被灌木为主,两者减少的面积和占绿洲退化总面积的 76.52%。

表 2-4　额济纳绿洲不同时期覆被面积变化　　单位:km^2

绿洲区				非绿洲区			
覆被类型	1987~1999 年	1999~2010 年	2010~2018 年	覆被类型	1987~1999 年	1999~2010 年	2010~2018 年
高覆被乔木	-3	-3.6	2.7	低覆被灌木	1.2	-10.1	76.2
中覆被乔木	-6.7	-3.5	0.9	低覆被草地	44.8	-12.3	-77.2
低覆被乔木	-38.9	-0.2	1.5	居民地	1	4.1	2.2
高覆被灌木	-60.3	52.2	47	水体	-44.2	46.5	14.2
中覆被灌木	-95.2	34.8	74	基岩	0	0	0
高覆被草地	25	20.1	-44.6	戈壁	22.7	-17.6	129.2
中覆被草地	-135.2	1.1	64.7	沙地	0	0	-143.3
耕地	13.2	23.2	0.9	盐碱地	154.3	-114.9	-365.9
—	—	—	—	裸土地	121.3	-19.8	217.5
小计	-301.1	124.1	147.1	小计	301.1	-124.1	-147.1

覆被转移矩阵结果(见表 2-5)表明,1987~1999 年,除未发生变化(对角线数值)的面积较大外,主要以中覆被草地转化为盐碱地(97.2 km^2)和裸土地(67.7 km^2)、中覆被灌木转化为中覆被草地(38.4 km^2)和盐碱地(36.2 km^2)、低覆被乔木转化为裸土地(31.4 km^2)等为主。可见,其覆被变化以植被的退化和群落的演替为主,植被的退化是重点。

表 2-5　1987~1999 年额济纳绿洲覆被转移矩阵

单位:km²

覆被类型	高覆被乔木	中覆被乔木	低覆被乔木	高覆被灌木	中覆被灌木	低覆被灌木	高覆被草地	中覆被草地	低覆被草地	基岩	戈壁	沙地	盐碱地	裸土地	耕地	水体	居民地	1999 年总计
高覆被乔木	125.5		0.1	0.2	1		1.6	0.8							0.6			129.8
中覆被乔木		148.4		0.1	2.3		3.1	0.3							1.2	0.2		155.6
低覆被乔木			103.3			0.8	0.2									0.6		104.9
高覆被灌木				247.6	0.1		0.9	0.9							1.2	0.4		251.1
中覆被灌木				38.6	530		0.4	0.2							0.1	1.2		570.5
低覆被灌木	0.2				1.2	169.9	0.2									0.4		171.9
高覆被草地	3	5.2	4.1	6.1	26.9		434.4	6	5.5				1			0.7	0.1	493
中覆被草地		2.7		7.7	38.4		16.2	1 504.8	1.3				4.8			9.3		1 585.2
低覆被草地		0.1	2.5	4.3	6.9		1.7	35.1	1 311.1				0.2			1.1		1 363
基岩										9 598.4								9 598.4
戈壁	0.5		0.8	4.2	6.1		1.5	6.1			35 275.2		1.6			3		35 299
沙地												5 063.7						5 063.7
盐碱地		2.3	0.8	1.3	36.2		4.4	97.2	0.3				2 344			19.4		2 505.9
裸土地			31.4		9.9		1.3	67.7						2 300.6		11		2 421.9
耕地	3.6	3.6	0.8	1.2	6.4		0.2	0.3							22.1	0.2		38.4
水体				0.1	0.3		1.9	1								168.8		172.1
居民地											1.1						12.2	13.3
1987 年总计	132.8	162.3	143.8	311.4	665.7	170.7	468	1 720.4	1 318.2	9 598.4	35 276.3	5 063.7	2 351.6	2 300.6	25.2	216.3	12.3	59 937.7

1987~1999 年,覆被变化主要在额济纳三角洲,空间分布结果(见图 2-6)表明,覆被变化主要集中于东河下游和西河中上游区,尤其在东河下游的三道河至七道河之间的广大区域,中覆被灌木和中覆被草地的退化和演替相互交错。西河中上游区主要以荒漠化和盐渍化为主,植被退化是其覆被变化的主要形式。由此可见,人类活动不合理的水资源利用导致的额济纳三角洲植被的退化和演替相互交错,共同作用于下游绿洲的可持续发展。

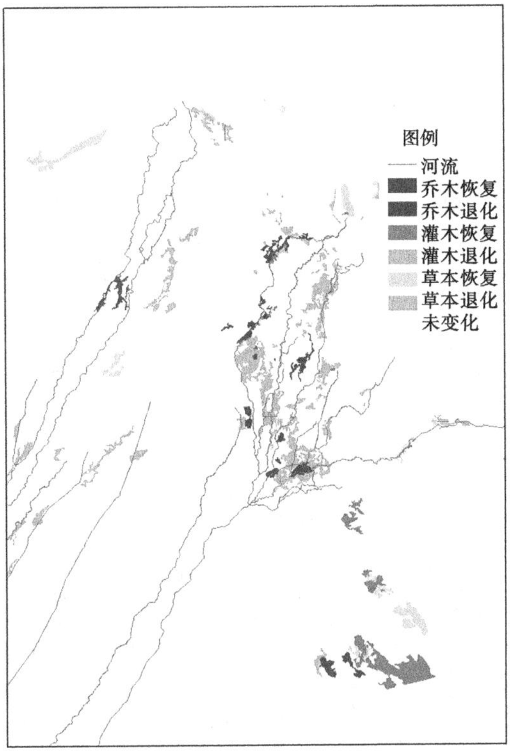

图 2-6 1987~1999 年额济纳绿洲土地覆被变化

2.3.2 1999~2010 年额济纳绿洲土地覆被变化

1999~2010 年,额济纳绿洲覆被面积变化结果(见表 2-4)表明,绿洲总面积增加 124.1 km²,其中高覆被乔木面积减少 3.6 km²,中覆被乔木面积减少 3.5 km²,低覆被乔木面积减少 0.2 km²;高覆被灌木面积增加 52.2 km²,中覆被灌木面积增加 34.8 km²;高覆被草地面积增加 20.1 km²,中覆被草地面积增加 1.1 km²,耕地面积增加 23.2 km²,约为 20 世纪 80 年代中期(1987 年)的 2.44 倍。非绿洲面积减少 124.1 km²,除水体、居民地面积增加外,其他地类面积均有减少或不变的态势。由此可见,自黑河下游实施调水后,绿洲植被得到部分恢复,基本维持在 1999 年水平,较 1987~1999 年的覆被变化而言,植被退化趋势得到一定程度的控制,但胡杨林恢复的效果仍不甚明显,主要以耐旱、耐盐碱的柽柳林地恢复最为明显。

绿洲覆被转移矩阵结果表明(见表 2-6),1999~2010 年黑河下游实施调水后,除未发

表 2-6 1999~2010 年额济纳绿洲覆被转移矩阵

单位：km^2

覆被类型	高覆被乔木	中覆被乔木	低覆被乔木	高覆被灌木	中覆被灌木	低覆被灌木	高覆被草地	中覆被草地	低覆被草地	基岩	戈壁	沙地	盐碱地	裸土地	耕地	水体	居民地	2010 年总计
高覆被乔木	125.5					0.2					0.5							126.2
中覆被乔木		147.9						2.7	0.1				1.4					152.1
低覆被乔木	0.1		104.1										0.5					104.7
高覆被灌木	0.2	0.1		247.6	38.6		0.4	7.7	1.9		4.2		1.3		1.2	0.1		303.3
中覆被灌木	0.2	0.3		0.1	523.7	1.2	0.4	32.3	5.5		1.8		32.2	7.6				605.3
低覆被灌木						161.8												161.8
高覆被草地	1.6	3.2	0.2	0.9	0.4	0.2	490.7	11.4	0.2		0.3		2.1			1.9		513.1
中覆被草地							0.8	1 512.3	5.4		4.1		63.5	0.2				1 586.3
低覆被草地								1.9	1 348.5				0.3					1 350.7
基岩										9 598.4								9 598.4
戈壁											35 281.4							35 281.4
沙地												5 063.7						5 063.7
盐碱地								6.6	0.2		0.4		2 383.8					2 391
裸土地														2 402.1				2 402.1
耕地	2.2	3.5		2.1	6.6	8.1		1	0.1				1		37			61.6
水体		0.2	0.6	0.4	1.2	0.4	0.7	9.3	1.1		2.6		19.8	12	0.2	170.1		218.6
居民地		0.4									3.7						13.3	17.4
1999 年总计	129.8	155.6	104.9	251.1	570.5	171.9	493	1 585.2	1 363	9 598.4	35 299	5 063.7	2 505.9	2 421.9	38.4	172.1	13.3	59 937.7

生变化(对角线数值)的面积较大外,主要以盐碱地转化为中覆被草地(63.5 km^2)和中覆被灌木(32.2 km^2)、中覆被草地转化为中覆被灌木(32.3 km^2)、中覆被灌木转化为高覆被灌木(38.6 km^2)为主。

覆被变化主要在额济纳三角洲,空间分布结果(见图2-7)表明,1999~2010年,覆被变化主要集中在东河下游,西河总体变化并不显著。东河下游河道、东居延海均有水体注入,河流两岸及湖区周围的植被因地表水和地下水的补给,尤其在东河下游的三道河至六道河之间的区域,灌木、草地得到很大程度的恢复,植被盖度明显增加,但绿洲土地覆被还远没有达到1987年的水平,群落结构还有待进一步优化,尤其是胡杨林的恢复和重建是值得深入探讨的问题。

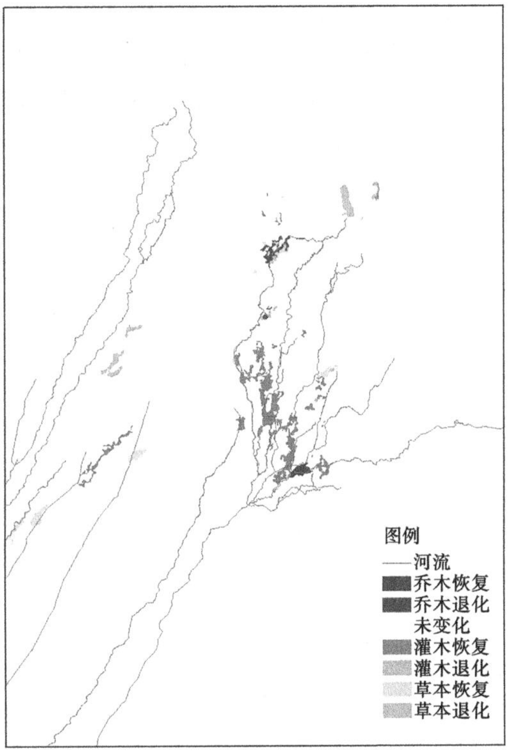

图2-7　1999~2010年额济纳绿洲土地覆被变化

2.3.3　2010~2018年额济纳绿洲土地覆被变化

2010~2018年,额济纳绿洲覆被面积变化结果(见表2-4)表明,绿洲总面积增加147.1 km^2,其中高覆被乔木面积增加2.7 km^2,中覆被乔木面积增加0.9 km^2,低覆被乔木面积增加1.5 km^2;高覆被灌木面积增加47 km^2,中覆被灌木面积增加74 km^2;高覆被草地面积减少44.6 km^2;中覆被草地面积增加64.7 km^2;耕地面积增加0.9 km^2,基本无扩耕。非绿洲面积减少147.1 km^2,其中低覆被灌木、居民地、水体、戈壁和裸土地面积增加,沙地和盐碱地面积减少明显,而基岩面积保持不变。由此可见,自黑河下游实施调水后，绿洲植被得到部分恢复，基本维持在 1999 年水平，较 1987~1999 年的覆被变化而言，植被退化趋势得到一定程度的控制，但胡杨林恢复的效果仍不甚明显，主要以耐旱、耐盐碱的柽柳林地恢复最为明显，其主要原因是沙地和盐碱地得到明显的改善。

覆被转移矩阵结果（见表 2-7）表明，2010~2018 年黑河下游实施调水后，除未发生变化（对角线数值）的面积较大外，主要以高覆被草地转化为高覆被灌木（12.6 km^2）和中覆被灌木（27 km^2），中覆被草地转化为中覆被灌木（50.7 km^2），尤其是大量的盐碱地转化为中覆被草地（78.9 km^2）为主。可见，分水后其覆被变化主要以中、高盖度为主，植被盖度明显增加，绿洲土地覆被接近 1987 年的水平，群落结构还有待进一步优化，尤其是胡杨林的恢复和重建是值得深入探讨的问题。

覆被变化主要体现在额济纳三角洲，空间分布（见图 2-8）结果表明，2010~2018 年，覆被变化主要集中于东河下游，东居延海至西居延海之间的低洼地，八道河、东居延海均有水体注入，河流两岸及湖区周围的植被因地表水和地下水的补给，尤其在东河下游的八道桥附近及西河下游区域，灌木、草地得到很大程度的恢复，植被演替是其覆被变化的主要形式。

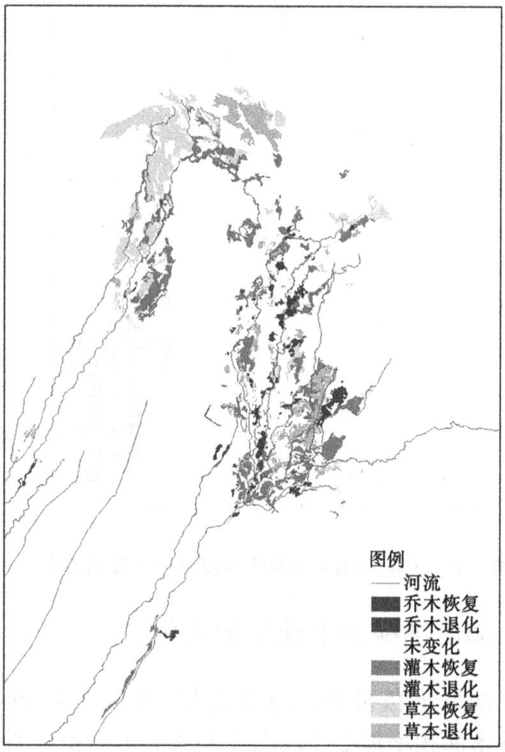

图 2-8　2010~2018 年额济纳三角洲土地覆被变化

表 2-7 2010~2018 年额济纳绿洲土地覆被变化转移矩阵

单位：km^2

覆被类型	高覆被乔木	中覆被乔木	低覆被乔木	高覆被灌木	中覆被灌木	低覆被灌木	高覆被草地	中覆被草地	低覆被草地	基岩	戈壁	沙地	盐碱地	裸土地	耕地	水体	居民地	2018年总计
高覆被乔木	110.4	11.2		1.3			4	0.2	0.3		0.7			0.4	0.4			128.9
中覆被乔木	0.8	136.4		0.6	5.8		2.7	6.3				0.1			0.3			153
低覆被乔木			100.1		0.4		1.7	3.1						0.9				106.2
高覆被灌木	14.3	1		285.9	24.7	0.6	12.6	10.1							1	0.1		350.3
中覆被灌木	0.4	2.4	0.6	13	568.6		27	50.7	3.5		5.6		0.7	6.8				679.3
低覆被灌木			3.5		0.1	160.4	0.8	5.1	34.7		1.3	9.6	0.7	21.8				238
高覆被草地				0.1		0.1	454.3	3.6			0.2		2	4.8	0.1	3.3		468.5
中覆被草地					0.3		3.7	1 503.7	10		4.3	6	78.9	43.5		0.6		1 651
低覆被草地		0.1		0.2	4.5		0.1	0.6	1 252		0.2	0.9		14.8		0.1		1 273.5
基岩										9 598.4								9 598.4
戈壁				1			0.6	0.2	41.5		35 266.4	99.8		1.1				35 410.6
沙地		0.6										4 919.8						4 920.4
盐碱地	0.1					0.7	3.8	0.8	6.5		0.9	0.4	1.9	2 010				2 025.1
裸土地							0.1				0.3	16.1	2 306.8	296.3				2 619.6
耕地	0.2	0.1		1	0.7		0.4	0.3							59.8			62.5
水体		0.3	0.5	0.2	0.2		1	1.3	2		1.1	10.1		1.6		214.5		232.8
居民地							0.3	0.3	0.2		0.4	0.9		0.1			17.4	19.6
2010年总计	126.2	152.1	104.7	303.3	605.3	161.8	513.1	1 586.3	1 350.7	9 598.4	35 281.4	5 063.7	2 391	2 402.1	61.6	218.6	17.4	59 937.7

2.4 生态需水分析

基于绿洲土地覆被变化,根据面积定额法对植被生态需水量进行计算,进而分析额济纳绿洲的生态需水变化特征,根据范围的不同,得到了三种结果。

2.4.1 结果一:全分区计算结果

根据植被、水域分布特点,可将额济纳绿洲全区划分为 11 个子区:东河上游区、东河中游区、东河下游区、西河上游区、西河中游区、西河下游区、东戈壁区、中戈壁区、西戈壁区、两湖区和古日乃区(见图 2-9)。

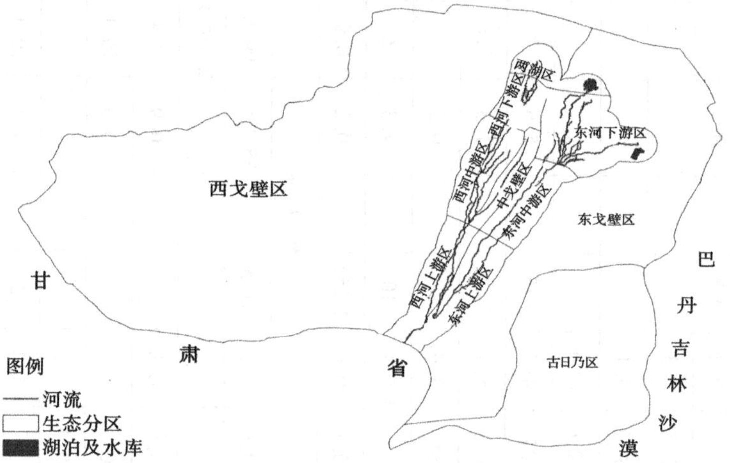

图 2-9 额济纳绿洲生态需水量计算分区

生态需水计算面积定额法是在已知各种植物单位面积耗水量条件下,解译不同植被的覆盖面积,进而计算生态需水量。

根据分区计算,以东河上游区为例,植物蒸腾量及潜水蒸发量如表 2-8 所示。其他子区和不同时期的需水量计算过程略。经各子区计算统计后结果如表 2-9~表 2-12 所示。

由表 2-9 可见,1987 年额济纳绿洲生态总需水量约为 7.50 亿 m^3,其中植物生态需水量约为 5.72 亿 m^3,占总需水量的 76.30%,水域的生态需水量(包括湖泊和河流的生态需水量)约为 1.78 亿 m^3,占总需水量的 23.70%。不同分区生态需水量占额济纳绿洲总生态需水量的比例分别为:东河上、中、下游区分别占总生态需水量的 6.64%、3.06%、19.69%,西河上、中、下游区分别占总生态需水量的 12.26%、6.36%、5.39%,东、中、西戈壁区分别占总生态需水量的 7.95%、0.99%、4.66%,两湖区占总生态需水量的 19.82%,古日乃区占总生态需水量的 13.18%。

表 2-8　1987 年东河上游区植物蒸腾量及潜水蒸发量

植物种类	总面积/km²	盖度/%	地下水位/m	植被有效面积/km²	株间有效面积/km²	植物蒸腾定额/（万 m³/km²）	潜水蒸发定额/（万 m³/km²）	植物蒸腾量/亿 m³	潜水蒸发量/亿 m³	合计/亿 m³
胡杨	20.92	>75	2~2.5	8.87	1.56	120	15	0.106 44	0.002 34	0.108 78
			2.5~3	8.93	1.58	120	8.1	0.107 16	0.001 28	0.108 44
	11.17	15~75	1~1.5	0.56	0.56	120	32	0.006 72	0.001 79	0.008 51
			1.5~2	1.08	0.64	120	21.9	0.012 96	0.001 40	0.014 36
			3~3.5	1.17	0.73	120	3.5	0.014 04	0.000 26	0.014 30
			3.5~4	1.07	0.61	120	1.8	0.012 84	0.000 11	0.012 95
			4~6	3.37	1.25	120	1.5	0.040 44	0.000 19	0.040 63
	4.33	5~15	0.5~1	0.05	0.32	120	63.1	0.000 60	0.002 02	0.002 62
			6~10	1.46	2.5	120	0.009	0.017 52	0.000 00	0.017 52
灌木	9.19	>75	2~2.5	3.54	1.18	3	15	0.001 06	0.001 77	0.002 83
			2.5~3	3.35	1.12	3	8.1	0.001 01	0.000 91	0.001 92
	34.17	15~75	1~1.5	1.98	2.12	3	32	0.000 59	0.006 78	0.007 37
			1.5~2	3.62	3.62	3	21.9	0.001 09	0.007 93	0.009 02
			3~3.5	3.38	3.38	3	3.5	0.001 01	0.001 18	0.002 20
			3.5~4	2.73	2.73	3	1.8	0.000 82	0.000 49	0.001 31
			4~5.5	5.23	5.23	3	1.5	0.001 57	0.000 78	0.002 35
	10.15	5~15	0.5~1	2.87	1.7	3	63.1	0.000 86	0.010 73	0.011 59
			5.5~11	2.81	2.77	3	0.009	0.000 84	0.000 00	0.000 84
草地	3.07	>75	2~2.5	0.87	0.7	3	15	0.000 26	0.001 05	0.001 31
			2.5~3	0.81	0.68	3	8.1	0.000 24	0.000 55	0.000 79
	58.41	15~75	1.5~2	7.24	13.08	3	21.9	0.002 17	0.028 65	0.030 82
			3~3.5	11.58	11.56	3	3.5	0.003 47	0.004 05	0.007 52
			3.5~4	7.47	7.48	3	1.8	0.002 24	0.001 35	0.003 59

表 2-9　1987 年额济纳绿洲生态需水量分区计算结果统计

单位：万 m^3

植被种类	盖度	东河上游区	东河中游区	东河下游区	西河上游区	西河中游区	西河下游区	东戈壁区	中戈壁区	西戈壁区	两湖区	古日乃区	合计
胡杨	>75	2 173	275	5 489	2 394	852	419	2 052	44	32	0	50	13 780
	15~75	909	1 010	3 202	3 295	2 605	904	508	184	0	24	529	13 170
	5~15	202	177	1 386	2 138	583	905	361	0	11	11	922	6 696
灌木	>75	47	21	489	137	134	64	39	0	0	35	640	1 606
	15~75	223	9	871	123	108	166	607	62	1	47	2 119	4 336
	5~15	124	7	432	150	204	213	73	21	52	11	799	2 086
草本	>75	21	12	945	68	50	38	94	87	1 562	123	217	3 217
	15~75	419	138	1 148	262	164	995	2 231	347	1 840	198	4 611	12 353
水体		862	649	807	630	67	342	0	0	0	14 423	0	17 780
合计		4 980	2 298	14 769	9 197	4 767	4 046	5 965	745	3 498	14 872	9 887	75 024

表 2-10　1999 年额济纳绿洲生态需水量分区计算结果统计

单位：万 m^3

植被种类	盖度	东河上游区	东河中游区	东河下游区	西河上游区	西河中游区	西河下游区	东戈壁区	中戈壁区	西戈壁区	两湖区	古日乃区	合计
胡杨	>75	2 052	246	4 530	2 130	760	374	1 832	39	28	0	44	12 035
	15~75	957	789	1 832	2 597	2 034	706	397	144	0	19	413	9 888
	5~15	93	82	657	318	258	254	167	0	0	5	426	2 260
灌木	>75	24	19	324	65	69	53	32	0	0	33	606	1 225
	15~75	151	8	370	145	109	135	542	17	1	30	1 809	3 317
	5~15	110	5	332	117	159	166	57	16	40	12	623	1 637
草本	>75	20	11	1 049	60	45	56	89	83	1 477	119	192	3 200
	15~75	269	112	1 079	188	94	791	1 808	190	1 160	145	3 389	9 225
水体		721	568	585	551	58	299	0	0	0	378	0	3 160
合计		4 397	1 840	10 758	6 171	3 586	2 834	4 924	489	2 706	741	7 502	45 948

表 2-11　2010 年额济纳绿洲生态需水量分区计算结果统计

单位：万 m^3

植被种类	盖度	东河上游区	东河中游区	东河下游区	西河上游区	西河中游区	西河下游区	东戈壁区	中戈壁区	西戈壁区	两湖区	古日乃区	合计
胡杨	>75	1 940	246	4 292	2 138	760	374	1 832	39	28	0	44	11 693
	15~75	710	789	1 887	2 573	2 034	706	397	144	0	19	413	9 672
	5~15	93	82	641	318	269	254	167	0	0	5	426	2 255
灌木	>75	45	19	422	129	127	61	37	0	0	33	606	1 479
	15~75	157	8	528	109	96	126	542	55	1	33	1 892	3 547
	5~15	97	5	329	117	159	166	57	16	40	9	623	1 618
草本	>75	20	11	1 176	64	45	56	89	83	1 477	119	192	3 332
	15~75	263	112	792	185	126	752	1 808	202	1 491	113	3 389	9 233
水体		677	510	673	495	53	269	0	0	0	11 596	0	14 273
合计		4 002	1 782	10 740	6 128	3 669	2 764	4 929	539	3 037	11 927	7 585	57 102

表 2-12　2018 年额济纳绿洲生态需水量分区计算结果统计

单位：万 m^3

植被种类	盖度	东河上游区	东河中游区	东河下游区	西河上游区	西河中游区	西河下游区	东戈壁区	中戈壁区	西戈壁区	两湖区	古日乃区	合计
胡杨	>75	3 020	339	4 367	2 066	987	250	1 341	167	41	30	47	12 655
	15~75	1 982	1 477	3 392	3 417	3 362	407	139	90	719		488	15 473
	5~15	390	86	1 118	659	853	94	247	47	31		860	4 385
灌木	>75	84	19	613	131	179	67	46	77	8	9	487	1 720
	15~75	246	54	739	128	249	204	476	295	70	19	1 093	3 573
	5~15	153		545	132	300	238	83	89	1	44	528	2 113
草本	>75	48	74	603	78	52	7	109	148	76	189	202	1 586
	15~75	560	562	1 359	339	664	424	2 303	259	258	588	1 916	9 232
水体		733	729	553	536	57	291	0	0	0	12 562	0	15 461
合计		7 216	3 340	13 289	7 486	6 703	1 982	4 744	1 172	1 204	13 441	5 621	66 198

黑河水量统一调度前(1999 年)额济纳绿洲生态总需水量为 4.59 亿 m^3,较 1987 年减小 2.91 亿 m^3,其中植物生态需水量为 4.27 亿 m^3,占总需水量的 93.03%,较 1987 年减小 1.45 亿 m^3,水域的生态需水量(包括湖泊和河流的生态需水量)为 0.32 亿 m^3,占总需水量的 6.97%,较 1987 年减少 1.46 亿 m^3。不同分区生态需水量占额济纳绿洲总生态需水量的比例分别为:东河上、中、下游区分别占总生态需水量的 9.57%、4.00%、23.41%,西河上、中、下游区分别占总生态需水量的 13.43%、7.81%、6.17%,东、中、西戈壁区分别占总生态需水量的 10.72%、1.06%、5.89%,两湖区占总生态需水量的 1.61%,古日乃区占总生态需水量的 16.33%。

2010 年额济纳绿洲生态总需水量为 5.71 亿 m^3,较 1987 年减小 1.79 亿 m^3,较 1999 年增加 1.12 亿 m^3,其中植物生态需水量为 4.28 亿 m^3,占总需水量的 75.00%,水域的生态需水量(包括湖泊和河流的生态需水量)为 1.43 亿 m^3,占总需水量的 25.00%,较 1987 年减小 0.35 亿 m^3,较 1999 年增加 1.11 亿 m^3。不同生态需水量分区占额济纳绿洲总生态需水量的比例分别为:东河上、中、下游区分别占总生态需水量的 7.01%、3.12%、18.81%,西河上、中、下游区分别占总生态需水量的 10.73%、6.43%、4.84%,东、中、西戈壁区分别占总生态需水量的 8.63%、0.94%、5.32%,两湖区占总生态需水量的 20.89%,古日乃区占总生态需水量的 13.28%。

2018 年额济纳绿洲生态总需水量为 6.62 亿 m^3,仍低于 1987 年,较 2010 年增加 0.91 亿 m^3,其中植物生态需水量为 5.07 亿 m^3,占总需水量的 76.59%,水域的生态需水量(包括湖泊和河流的生态需水量)为 1.55 亿 m^3,占总需水量的 23.41%,较 2010 年增加 0.12 亿 m^3。不同生态需水量分区占额济纳绿洲总生态需水量的比例为:东河上、中、下游区分别占总生态需水量的 10.90%、20.07%、5.05%,西河上、中、下游区分别占总生态需水量的 11.31%、10.13%、2.99%,东、中、西戈壁区分别占总生态需水量的 1.77%、7.17%、1.82%,两湖区占总生态需水量的 20.30%,古日乃区占总生态需水量的 8.49%。其中,所占比例最大的为两湖区,由 1987 年的 19.82%上升到 20.30%;其次为东河下游区,由 1987 年的 19.69%上升到 20.07%,中戈壁区生态需水量所占比例仍为最小,为 1.77%。通过比较不同植被种类的生态需水量可以看出,除去水域的生态需水外,以胡杨为主的乔木生态需水量所占比例最大为 49.11%,其次为草本生态需水量,占 16.34%,而灌木的生态需水量最小,仅为 11.19%,各植被种类和水体的生态需水量均小于 1987 年。

通过以上各个计算结果来看,考虑整个额济纳绿洲条件下,不同年代生态需水量在 4.59 亿~7.50 亿 m^3。

2.4.2 结果二:去除古日乃区的绿洲需水量计算结果

古日乃区的绿洲主要靠黑河下游鼎新盆地至狼心山断裂带地下水渗漏补给维持。根据实地考察和水文地质队 1982 年的《务桃亥、特罗西滩区域水文地质普查报告》,古日乃湖与黑河无地表水力联系,植被生长所利用的水资源主要为黑河下游鼎新盆地至狼心山断裂带地下水渗漏补给。另外,根据仵彦卿等(2010)对黑河下游进行同位素分析和地球物理探测分析,认为黑河下游哨马营至古日乃存在地堑式断层,断层带为黑河古河道,鼎新盆地段河水主要通过这一断层渗入地下水,大约有 1.8 亿 m^3/a 的地下水沿该断层进入古日乃和巴丹吉林沙漠。理由是：①鼎新盆地段河水中 δD 和 $\delta^{18}O$ 组分在黑河流域降水线以下，且在局地蒸发线附近，与巴丹吉林沙漠地下水几乎相同，这说明巴丹吉林沙漠地下水来源于鼎新盆地段河水补给。②鼎新盆地段河水中 Ca^{2+} 和 Mg^{2+} 浓度分别为 134.68 mg/L 和 228.54 mg/L，而断层带中地下水中的 Ca^{2+} 和 Mg^{2+} 浓度分别为 153.81 mg/L 和 201.45 mg/L。水化学分析显示：河水和断层带水–岩交换提供沙漠区地下水中的钙富集，地下水中钙的沉淀维持着沙丘的稳定。③河水和地下水中 ^{3}H 分析揭示：河水渗漏补给地下水，地下水沿断层流到古日乃盆地需要 15～25 年，巴丹吉林沙漠泉水年龄为 20～30 年，这同样说明古日乃和巴丹吉林沙漠地下水来源于黑河鼎新盆地段河水。因此，可以认为哨马营断层损失的 1.8 亿 m^3/a 的地下水主要补给古日乃区地下水，基本可以满足植被的生态需水要求。1987 年额济纳绿洲生态总需水量为 6.51 亿 m^3；黑河水量统一调度前（1999 年）额济纳绿洲生态总需水量为 3.84 亿 m^3；2010 年额济纳绿洲生态总需水量为 4.95 亿 m^3；2018 年额济纳绿洲生态总需水量为 6.06 亿 m^3。

2.4.3　结果三：去除古日乃区和东、西戈壁绿洲需水量计算结果

额济纳绿洲东、西河沿线及其下游河网（包括东、西居延海）地区，绿洲面积大、集中连片、植被种类多样，主要分布在两河范围内，东、西戈壁上零星的、不连片的绿洲盖度较低，受黑河地表水直接灌溉影响较小，主要靠天然降水，故此区域作为生态保护的最低范围。1987 年额济纳绿洲生态总需水量为 5.57 亿 m^3；黑河水量统一调度前（1999 年）额济纳绿洲生态总需水量为 3.08 亿 m^3；2010 年额济纳绿洲生态总需水量为 4.15 亿 m^3，2018 年额济纳绿洲生态总需水量为 5.82 亿 m^3。

根据黑河管理局对下游绿洲区不同范围的计算结果分析可知，不同范围的绿洲生态需水结果不同，与已有的研究成果对比（见表 2-13）可知，前人对额济纳绿洲需水量的计算结果都集中在 5.23 亿～7.57 亿 m^3，结果差异不大。基于古日乃区、东西戈壁与狼心山断面水量联系较小，以狼心山断面水量分析计算下游绿洲需水量，则成果三计算较为合理，即通过狼心山断面的地表水能补给到的区域的生态需水量，1987 年、1999 年、2010 年和 2018 年分别为 5.57 亿 m^3、3.08 亿 m^3、4.15 亿 m^3 和 5.82 亿 m^3。

表 2-13　现有研究成果计算的下游生态需水量

成果	研究范围	研究面积/km^2	研究时间	生态需水量/亿 m^3	强度/（m^3/km^2）
成果一	狼心山以下	3 010.47	20 世纪 80 年代	6.78～7.57	225 214
成果二	狼心山以下	6 535.84	1995 年	5.70	87 211
成果三	狼心山以下	5 701.38	2000 年	5.313	93 188
成果四	额济纳绿洲	3 328	2000 年	5.57～6.0	167 368
成果五	额济纳绿洲	2 940	2000 年	5.25	178 571
成果六	额济纳绿洲	5 998.73	1995 年	5.23～5.70	91 102

注：成果一：高前兆等《黑河流域水资源合理利用》；成果二：内蒙古水利科学研究院《内蒙古西部额济纳旗绿洲水资源开发利用与生态环境保护研究报告》；成果三：华北水利水电学院《黑河流域东部子系统水资源承载力研究》；成果四："黑河重大问题及其对策研究"，程国栋院士主持的"黑河流域生态环境问题及其对策研究"；成果五：杨国宪等《黑河生态与水》；成果六：王根绪和程国栋《干旱内陆流域生态需水量及其估算——以黑河流域为例》。

2.5 小　结

本章通过 RS 目视解译结合野外样地实际调查,解译了 4 期(1987 年、1999 年、2010 年和 2018 年)覆盖额济纳绿洲的影像,确定额济纳绿洲天然植被的类型、分布和规模,生成植被分布图。

2.5.1 额济纳绿洲土地覆被与分布

20 世纪 80 年代中期(1987 年)额济纳绿洲总面积为 3 629.6 km^2,胡杨林、灌木林、草本、耕地占总绿洲面积的比例分别为 12.09%、26.92%、60.29%、0.70%。分水前(1999 年)额济纳绿洲总面积为 3 328.5 km^2,胡杨林、灌木林、草本、耕地占总绿洲面积的比例分别为 11.73%、24.68%、62.44%、1.15%。分水后(2010 年)额济纳绿洲总面积为 3 452.6 km^2,胡杨林、灌木林、草本、耕地占总绿洲面积的比例分别为 11.09%、26.32%、60.81%、1.78%;现状年(2018 年)额济纳绿洲总面积为 3 599.7 km^2,胡杨林、灌木林、草本、耕地占总绿洲面积的比例分别为 10.78%、28.60%、58.88%、1.74%。其中,水体面积在 1987 年、1999 年、2010 年和 2014 年分别为 216.3 km^2、172.1 km^2、218.6 km^2 和 232.8 km^2。

2.5.2 绿洲土地覆被变化

1987~1999 年,绿洲区面积减少 301.1 km^2,尤以中覆被草地和中覆被灌木为主,两者减少的面积和占绿洲退化总面积的 76.52%;非绿洲区除水体面积减少了 44.2 km^2,其他地类面积均保持增加或不变的态势。1999~2010 年,绿洲区总面积增加 124.1 km^2;非绿洲区水体面积呈现增长趋势,增加了 46.5 km^2。2010~2018 年,绿洲区总面积增加 147.1 km^2,说明黑河下游实施分水以来,绿洲植被得到部分恢复,恢复的速度从低到高,较 1987~1999 年的覆被变化而言,退化面积明显得到一定程度的控制;非绿洲区中低覆被灌木、居民地、水体、戈壁和裸土地面积呈增加趋势,其中水体增加了 14.2 km^2。2010~2018 年,覆被变化类型主要以中、高盖度为主,主要源于来水特丰、植被盖度明显增加,绿洲土地覆被已接近 1987 年的水平,群落结构还有待进一步优化,变化区域主要集中在东河中下游和西河下游区,西河中上游区及古日乃区变化并不显著。

2.5.3 生态需水

通过狼心山断面的地表水能补给到的额济纳绿洲区域的生态需水量在不同时期因绿洲面积结构及盖度的不同而变化,1987 年、1999 年、2010 年和 2018 年分别为 5.57 亿 m^3、3.08 亿 m^3、4.15 亿 m^3 和 5.82 亿 m^3。在水资源配置时对生态需水量的分配需考虑恢复的绿洲土地覆被及盖度情况等指标。

第 3 章　东居延海水生态状况调查

本章从居延海的演变、湖区水生动植物状况、湖区湿地及河岸带植被状况、水环境状况、入湖沙量及湖区淤积等方面对东居延海水生态状况进行了分析论述,梳理了东居延海存在的水生态问题,为东居延海水生态环境综合整治提供支撑。

3.1　居延海的演变

3.1.1　历史时期居延海的演变

居延海位于内蒙古自治区额济纳旗境内,古称“流沙泽”,汉及魏晋称“居延泽”(王雪樵等,2008),唐代起称“居延海”。居延海位于河西走廊通向漠北-蒙古高原和西伯利亚的交通要道上,在历史上曾经水草丰茂,从汉代到元代的 1 000 年间,哺育了历史上著名的古居延-黑城绿洲文化。

有关居延海的文字记载最早见于战国时期所著的《山海经·海内东经》,“国在流沙外者,大夏、竖沙、居繇、月支之国”。“居繇”被认为是“居延”的最早来源。

弱水最早见于《尚书·禹贡》,“导弱水,至于合黎,余波入于流沙”。创作于西汉的《淮南子·地形训》“弱水出自穷石,至于合黎,余波入于流沙,绝流沙南至南海”。

东汉时期的《汉书·地理志》记载:“羌谷水出羌中,东北至居延入海,过郡二,行二千一百里”,羌谷水即今黑河上游河段,流经张掖和酒泉,秦汉时期的湖泊面积尚有 726 km^2。西汉时期的《史记》载:使陵将其射士步兵五千人,出居延北可千余里,欲以分匈奴兵……李陵在进军中,首次绘制了居延海一带的山川地形图。《史记·五帝本纪》记载:居延海南,甘州张掖县东北千六十四里是,有准确的方位和距离,与现代的距离一致。

唐代诗人王维的《出塞作》:居延城外猎天骄,白草连天野火烧,暮云空碛时驱马,秋日平原好射雕。当时的草木茂密,畜牧发展,百鸟竞飞的景象可以想见。

公元 1372 年,明代大将冯胜攻打黑城子,久攻不下,遂在上游筑坝控水,强令黑河水改道,终于拿下黑城子,从而导致居延海干涸。改道后的弱水河在下游形成了东、西居延海(赵荣安等,2004)。据考证(朱震达等,1983),居延泽干涸的时期与黑城废弃时间相近,即 14 世纪中叶,距今 650 余年。

1717 年经实测绘制的《清内府一统舆地秘图》中居延海已分为东、西两个海,同在北纬 42°以北,东海略小而偏南。

1832 年刻图的《皇舆一统舆地全图》中出现了黑河下游尾闾端的两个海子,称居延海,其水面曾达 720 km^2(冯绳武,1988)。

Mischke 等(2003)利用孢粉、同位素和介形虫组合研究苏泊淖尔湖泊的变化,指出

5.1~2.7 kaBP 期间湖泊出现了 10 次盛衰变化。Chen 等(2003)研究苏泊淖尔湖相剖面后认为,7 kaBP 前及 5~3 kaBP(cal)湖泊扩张,7~5 kaBP 湖泊萎缩,至 3 kaBP 湖泊甚至干涸;朱震达等(1983)认为 3 000 年前是古居延海高湖面期,面积可达 800 km^2;刘亚传(1992)认为,历史时期东、西居延海和居延泽三个湖泊曾是一个连通的大湖;陈隆亨(1996)将居延海变化划分为居延泽阶段(战国至元代)、居延泽-嘎顺淖尔阶段(元代至明代)、嘎顺淖尔-苏泊淖尔阶段(明代至 1961 年)和苏泊淖尔(间歇干涸)(1961 年以后)等若干阶段(见图 3-1)。甚至有的学者(Lu et al.,1997)认为,近 2 000 年前湖泊面积曾经很大,湖水很深,1 500 aBP 和 900 aBP 湖水深分别为 7.5 m 和 11 m,居延海面积曾经达到 2 600 km^2。

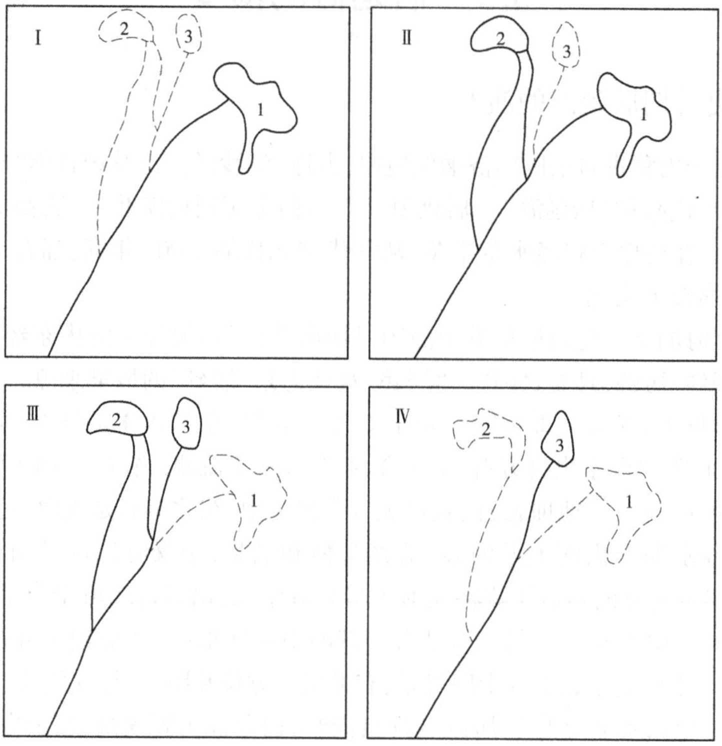

Ⅰ—居延泽阶段(战国至元代);Ⅱ—居延泽-嘎顺淖尔阶段(元代至明代);Ⅲ—嘎顺淖尔-苏泊淖尔阶段(明代至 1961 年);Ⅳ—苏泊淖尔(间歇干涸)阶段(1961 年以后);1—居延泽;2—嘎顺淖尔;3—苏泊淖尔。

图 3-1　黑河下游终端湖变化

1899~1901 年,俄国地理学会派柯兹洛夫率考察队对亚洲中部包括额济纳绿洲进行了"探险",他对当地湖泊做了这样的记载(柯兹洛夫,2014):我们来到所说的湖泊之后,都因丰富的鸟类而感到惊奇,有无数成群的雁、野鸭、鹊、鹈鹕、鸬鹚、鹅、白鹭、灰鹤、燕鸥等,它们在安然躺着、站着、游着。

1905年,杨守敬编《水经注图》弱水篇,绘出的古代流沙居延泽的轮廓略似新月形。从弱水分支为东河、西河,向东、西两翼伸出两角,原是一个狭长的新月形湖,后来分为东海和西海两部分。

1919年,斯坦因测绘的居延海注记西海名嘎顺淖尔、东海名苏泊淖尔,西大东小,面积比约10∶1(刘亚传,1992)。汉居延泽大致在今黑城废墟以东20 km处,南临保尔全吉小湖,北至进素土海子一带。

1927~1933年中瑞西北考察队考察时,Norrin等勘查编绘了居延海图(刘亚传,1992),从中可以看出,东居延海与西居延海的湖岸线是相连的,说明古代确是连成一体的大湖,面积达1 200 km^2,即湖水北界及于北山山前标高940 m处,南界在敖包乌苏一带,桃来三达在湖中。湖泊南界由于河流的冲刷作用,见不到明显的古湖岸线,但在古湖泊的西南部可见到古湖岸线标高最高点在942 m处,足见当时湖水最深处在60 m左右。中瑞西北考察队1928年冬测得湖中最大水深为2.0 m,1932年湖面略大,东居延海最大水深约4.12 m,水面面积约35 km^2;瑞典地理学家、探险家斯文赫定在他的日记中对居延海的描述为清亮的湖水,大约有1.3 m深,成群的水鸟、灰鸥、白鸽和天鹅,以及一队队的红嘴水鸟,湖边无数水禽聚集着。从西向东航行15~16 km,到湖东岸,岸上平坦得像一块大地毯,水中的盆碱给地面上涂了一条白道,有数不清的狼脚印。另外,湖相沉积与螺类、鱼类化石在第四系地层中的广泛分布亦说明当时古湖盆范围的广阔与淡水沉积环境(刘亚传,1992)。

1938~1941年国民党在赛汉陶来修建大量军事设施,将东河堵死,使上游来水全部流入西河。东河于1944~1951年干涸,沿岸植被逐渐枯死,直到1952年,东西河重新筑坝分水后,东河沿岸植被才逐渐恢复。

1944年初,董正钧加入农业经济部门川康宁农业调查团对额济纳三角洲进行调查,出版《居延海》一书,书中对居延海进行了大量描述,如海滨密生,芦苇粗如笔杆,高者过丈,能没驼上之人,极似荻苇,入秋芦花飞舞,宛如柳姿,马、牛、驼群随处可见。至20世纪50年代初,湿地仍水色碧绿鲜明,鸟类亦多,千百成群,湖滨密生芦苇,粗如笔杆,高者及丈。当时东居延海水深约4.1 m,水面面积约58.4 km^2(董正钧等,2012)。

20世纪50年代后,受中游拦蓄河流水源和工农业用水大量增加影响,黑河下游狼心山断面断流时间由20世纪50年代的约100 d延长至现在的近200 d,而且河道尾闾干涸长度也呈逐年增加的趋势。1958年(丰水年),西居延海水面面积达267 km^2,东居延海水面面积35.5 km^2。当时,黑河两岸,东、西居延海四周和古日乃湖地区,胡杨、沙枣、红柳、梭梭、白刺、甘草、芦苇等林草生长繁茂,郁郁葱葱(潘启民等,2001;钟华平等,2002;曹文炳等,2004)。

1959年,内蒙古大学赵肯堂考察额济纳三角洲,在日记中描述苏泊淖尔(东居延海)面积8~53 km^2,湖内的鱼多得简直可以用木桶打捞,随手一抓就能抓到一条大鱼,一年竟获35万斤(17.5万kg)鲜鱼,鱼重得下网都无法拉起。渔场的四周和湖心小岛上生长着一丛丛青翠的芦苇,站在戈壁滩的敖包上远远望去,俨然是一排厚密的绿色屏障,收获的干草达15万斤(7.5万kg)。还有各种野鸭及各种鸥鸟。

20 世纪 60~70 年代,军民开荒屯田、大量砍伐修筑防空工程,对林草植被造成严重破坏。据 1960 设立的水文资料:1960~1967 年东、西河合计平均每年来水仅 4.54 亿 m^3,其中东河来水 3.86 亿 m^3、西河来水 0.68 亿 m^3,1962 年西河来水仅 1.04 亿 m^3,致使西居延海于 1962 年完全干涸;20 世纪 70 年代东居延海水域面积相对较大,据 1977 年 5 月 MSS 影像测定的面积为 65 km^2,直至 1987 年时面积仍保有 13.66 km^2,但在 1986 年出现干涸。

20 世纪 80 年代,受上游来水量急剧减小影响,东居延海面积萎缩。从 1980 年卫星影像资料看,额济纳冲积扇扇缘注地和扇面分布着一系列的湖泊群,有东西居延海、古居延泽、古日乃湖、拐子湖等,在扇面上的河道尚有夏勒淖等小湖。仅东居延海、夏勒淖和进素土海子有水,其余均干涸(刘亚传,1992)。1982 年,水域面积缩减为 32.32 km^2,水深 1.4~1.8 m,计算湖中蓄水量为 0.364 亿 m^3(陈隆亨,1996)。

20 世纪 90 年代初,乱采滥挖甘草、苁蓉等中草药材之风和草场超载过牧,加剧了绿洲沙漠化的趋势。据 1990 年 9 月 8 日 TM 遥感影像测算的东居延海水面面积仍有 38.02 km^2,之后在 1992 年完全干涸,居延海从此成为历史。居延海干涸之后,绿洲萎缩、生物多样性减少、沙漠化日益加剧等一系列生态问题也相继产生,生态需水的巨大缺口是环境恶化的直接原因(李锦秀等,2010)。

总体来看,东居延海时干时续,自 1961 年来多次干涸,干涸原因见表 3-1,成为间歇性湖泊。1992 年彻底干涸后(见表 3-2),“鹅翔天际,鸭浮绿波,碧海蓝天、芦花飞荡”的动人景象完全消失,成为额济纳三角洲地区的主要风口和沙尘暴的策源地之一。

表 3-1　1961 年来出现 9 次干涸的原因

年份	干涸原因
1960	连续三年枯水,1961 年、1962 年特枯,东居延海干涸
1961	
1962	
1973	有资料以来最枯水年份
1980	1979 年来水特枯,另外,1980 年中游耗水由 1979 年的 2.4 亿 m^3 剧增至 6.79 亿 m^3,进入下游水量严重不足
1986	1985 年、1986 年,来水水平偏枯
1990	1990 年、1991 年、1992 年来水特枯,进入狼心山断面的水量仅有 4.17 亿 m^3、2.2 亿 m^3、1.8 亿 m^3,东居延海连续干涸
1991	
1992	

“小小居延海,连着中南海”,为了遏制西北地区生态环境不断恶化的趋势,2001 年 8 月 3 日,国务院提出到 2003 年让居延海波涛滚滚,恢复原样的目标。2002 年 7 月 17 日经

过调度的黑河水到达东居延海,最大水面面积达到 23.66 km^2。经过连年调水,东居延海湿地最大面积 43.2 km^2,最大蓄水量 10 030 万 m^3。自黑河流域调水以来,多次实施"全线闭口,集中下泄",截至 2022 年底,东居延海累计入湖量 12.6 亿 m^3。

表 3-2　20 世纪东居延海水面面积变化

年代	时间	面积/km^2	资料来源
20 世纪初	1905 年		杨守敬编《水经注图》弱水篇
20 年代	1919 年	>120	孙培善等,1964 年
30 年代	1932 年	35	中瑞西北考察报告
40 年代	1944 年	58.4	董正钧,1952 年
50 年代	50 年代初	75	《内蒙湖泊辑要》
	1958 年	35.5	刘亚传,1992 年
60 年代	1961~1963 年	干涸	刘亚传,1992 年
	1966 年	35	
70 年代	1972 年 12 月	61	刘亚传,1992 年
	1975 年 4 月	33	
	1977 年 5 月	65	据 MSS 影像测算
	1979 年	43	刘亚传,1992 年
80 年代	1980 年	23.3	刘亚传,1992 年
	1982 年	>43	
	1985 年	35	
	1986 年	干涸	
	1987 年 5 月	13.66	据 TM 影像测算
90 年代	1990 年	39	据 TM 影像测算
	1992 年	干涸	

3.1.2　调水以来居延海的演变

东居延海为河流尾闾湖泊,也是黑河流域向下游生态输水工程重点恢复的生态单元之一。随着生态输水的实施,2002 年黑河水重新注入已干涸达 10 年的东居延海湖盆,此后东居延海水域范围不断扩大。东居延海湖泊空间分布变化直观地反映了湖泊面积恢复过程(见图 3-2)。2002~2009 年湖泊边界不断向外扩张,其中 2005 年之前主要是湖泊南侧边界的扩张,2006 年后湖泊东西两侧边界扩张更为明显;2010 年之后湖泊边界总体不变,仅在南和东西方向发生小范围变化,近 6 年水面面积维持在 40 km^2 左右。

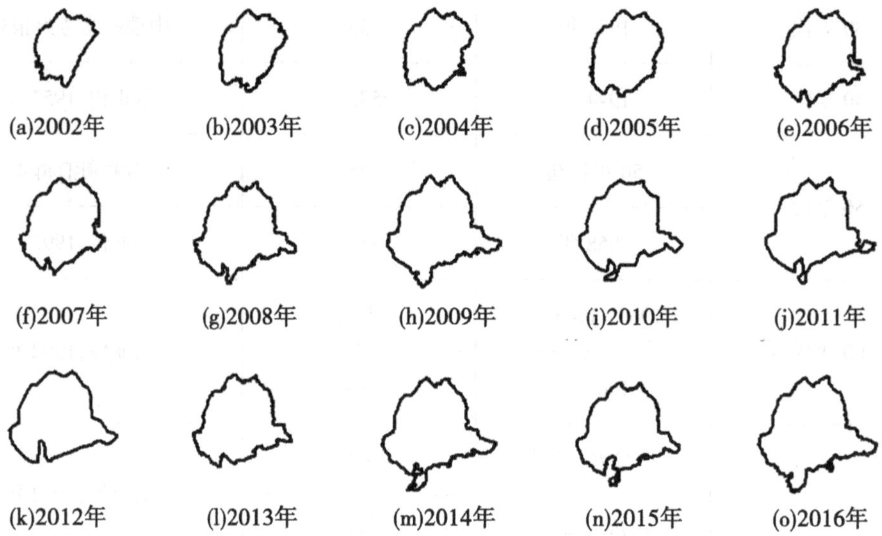

图 3-2　2002~2016 年东居延海湖泊扩张进程

3.2　水生动植物状况

3.2.1　微生物

在微生物方面,陈晨等(2014)通过采集东居延海水体中水样,根据 16SrDNA 序列的系统发育分析,分离得到的细菌分别属于 3 个门,即变形菌门、放线菌门和厚壁菌门。其中,最主要的是革兰氏阴性的变形菌纲(包括 α、β 和 γ),共有 46 株细菌;其次为放线菌纲类群,分离得到 19 株细菌;芽孢杆菌纲类群,得到 9 株细菌。其中,α-变形菌纲菌株最多,共有 39 株,约占全部细菌的 53%;放线菌纲为第二优势类群,共有 19 株菌株,占全部菌株的 26%;此外,还分离获得了 9 株来自芽孢杆菌纲、6 株来自 γ-变形菌纲和 1 株来自 β-变形菌纲的菌株。这些细菌属于 23 个属,其中以柄杆菌目短波单胞菌属为优势种群,共 9 株。

3.2.2　水生动物

据宗振东等(2011)考证,史前居延海就是我国西北地区最大的湖泊之一,水域面积曾达 2 600 km^2,秦汉时期尚有 726 km^2,据 1927 年德国、瑞士、中国等多国科考队录像资料,当时的东居延海碧波荡漾,一望无际。1944 年农业专家董正钧考察东居延海时记述,水色碧绿鲜明,水中富鱼族,鸟类亦多,千百成群,飞鸣戏水,堪称奇观,湖滨密生芦苇,粗如笔杆,高者及丈,能没驼上之人。

1958 年内蒙古自治区曾在苏泊淖尔设立渔捞队。20 世纪 60 年代,赵肯堂(1996)考察渔场时只有 2 种鱼类:鲫鱼和条鳅(大头鱼)。1965 年李思忠等(1974)调查结果为河西走廊内陆水系有鱼类 3 科 6 属 9 种,其中土著鱼类 6 种,因 1958 年长江向内陆河流运苗带入鱼类 3 种;20 世纪 80 年代,赵铁桥(1991)调查认为弱水水系共有土著鱼类 9 种,分别为鲤科 1 种和鳅科 8 种。2011 年宗振东调查显示,居延海重新蓄水后,鱼类区系组成发生了很大变化,目前共有鱼类 15 种,隶属于 3 目 4 科 14 属。其中,放养鱼类 4 种,占总数的 26. 7%;野生鱼类 11 种,占总数的 73. 3%。鲤科鱼类 11 种,占总数的 73. 3%;鳅科鱼类 2 种,占总数的 13. 3%;胡瓜鱼科 1 种,占总数的 6. 7%;鳜虎鱼科 1 种,占总数的 6. 7%。廖丽梅等(2013)2010~2011 年在居延海采集鱼类标本共计 14 种,分属于 6 个区系类群,属江河平原区系类群的有草鱼、鲢、鳙、红鳍原鲌、餐条和麦穗鱼 6 种;属晚第三纪早期区系类群的有鲤、鲫、泥鳅和棒花鱼 4 种;属北方平原区系类群的有雅罗鱼 1 种;属中亚山地区系类群的有大鳍鼓鳔鳅 1 种;属热带平原区系类群的有波氏栉鰕虎鱼 1 种;属北极淡水区系类群的有池沼公鱼 1 种。但真正属居延海水域的土著鱼类很少,只有鲫、泥鳅和大鳍鼓鳔鳅 3 种,其区系组成十分简单,较多是分布局限的特有种类。湿地以北为鱼类休养生息区,主要鱼类有大头鱼、鲫鱼、草鱼和花白鲢等,目前东居延海湿地共有生物 18 种,隶属于 17 属 9 科。东居延海鱼类种类变化见表 3-3。

表 3-3　东居延海鱼类种类变化

年份	鱼类	放养	野生	参考文献
1960	2	—	2	赵肯堂,1996
1965	9	3	6	李思忠等,1968
1980	9	—	9	赵铁桥等,1991
2010	14	11	3	缪丽梅等,2013
2016	18	—	—	鱼腾飞等,2016

近年来,湿地内重现鱼、鸟、蛇、蜥、黄羊、狐狸等动物,其中鸟的种类不断增多,居延海湿地保护管理中心观测的结果显示,鸟类由 2010 年的 14 种增加至 2016 年的 65 种(见表 3-4)。国家一级保护鸟类 3 种,有世界珍稀鸟类火烈鸟、国家濒危鸟类遗鸥、国家一级保护濒危物种黑鹳;国家二级保护鸟类灰鹤、大天鹅、疣鼻天鹅、夜鹭、鹗、纵纹腹小鸮、白

额雁、鸳鸯、斑头雁等；全球濒危动物、国家二级保护动物卷羽鹈鹕。据调查显示，天鹅种群数量在迁徙季节达到了近千只。图3-3~图3-7列出了自黑河调水至2016年，居延海再次出现的几种珍稀物种。

表3-4　居延海重点调查鸟类分布

水鸟名录序号	种中文名	调查日期	种群数量
1	苍鹭	2016年4~6月	++
2	白鹭	2016年4~6月	++
3	棕头鸥	2016年4~6月	++
4	小凤头燕鸥	2016年4~6月	++
5	疣鼻天鹅	2016年4~6月	++
6	黑嘴天鹅	2016年4~6月	+
7	斑头鸬鹚	2016年4~6月	++
8	赤嘴潜鸭	2016年4~6月	+++
9	渔鸥	2016年4~6月	++
10	黄鸭	2016年4~6月	+++
11	红嘴巨鸭	2016年4~6月	++
12	黄头鹡鸰	2016年4~6月	+++
13	白鹡鸰	2016年4~6月	+++
14	风头鸊鷉	2016年4~6月	+++
15	白腰黄鹬	2016年4~6月	++
16	野鸡	2016年4~6月	+
17	中杓鹬	2016年4~6月	++
18	白琵鹭	2016年4~6月	++
19	文须雀	2016年4~6月	+++
20	斑头雁	2016年4~6月	++
21	白骨顶	2016年4~6月	+++
22	流苏鹬	2016年4~6月	+
23	牛背鹭	2016年4~6月	+
24	鹰	2016年4~6月	+
25	鹧鸪	2016年4~6月	++

续表 3-4

水鸟名录序号	种中文名	调查日期	种群数量
26	黑鹳	2016年4~6月	+
27	银鸥	2016年4~6月	++
28	笑鸥	2016年4~6月	++
29	黑尾塍鹬	2016年4~6月	++
30	黑尾地鸦	2016年4~6月	++
31	短嘴鸦	2016年4~6月	+
32	岩滨鹬	2016年4~6月	++
33	黑翅长角鹬	2016年4~6月	+++
34	翘鼻麻鸭	2016年4~6月	+
35	夜鹭	2016年4~6月	++
36	凤头麦鸡	2016年4~6月	++
37	黑水鸡	2016年4~6月	++
38	黄鹂(雀形目)	2016年4~6月	+
39	雪鸭	2016年4~6月	++
40	针尾沙锥	2016年4~6月	++
41	草鹭	2016年4~6月	+
42	火烈鸟	2016年4~6月	+
43	灰鹤	2016年4~6月	+
44	纵纹腹小鸮	2016年4~6月	+
45	绿头鸭	2016年4~6月	+
46	鸳鸯	2016年4~6月	+
47	大天鹅	2016年4~6月	+
48	反嘴鹬	2016年4~6月	+
49	遗鸥	2016年4~6月	++
50	环颈鸻	2016年4~6月	++
51	欧斑鸠	2016年4~6月	+
52	戴胜	2016年4~6月	+
53	矶鹬	2016年4~6月	+

续表 3-4

水鸟名录序号	种中文名	调查日期	种群数量
54	绿翅鸭	2016 年 4~6 月	+
55	斑嘴鸭	2016 年 4~6 月	+
56	针尾鸭	2016 年 4~6 月	+
57	金斑鸻	2016 年 4~6 月	+
58	白眉鸭	2016 年 4~6 月	+
59	灰背椋鸟	2016 年 4~6 月	+
60	鸢	2016 年 4~6 月	+
61	鹗	2016 年 4~6 月	+
62	金眶鸻	2016 年 4~6 月	+
63	白翅浮鸥	2016 年 4~6 月	+
64	卷羽鹈鹕	2016 年 4~6 月	+
65	家燕	2016 年 4~6 月	+

注:“+”代表少见种,“++”代表常见种,“+++”代表优势种。

图 3-3　黑鹳

图 3-4　卷羽鹈鹕

图 3-5　白额雁

图 3-6　遗鸥

图 3-7　白鹭

碧绿的水面上,各种鸟类在自由地流连嬉戏,芦苇上空盘旋着白鹭、红嘴鸥、鸬鹚等鸟类,它们时而在海面觅食,时而展翅滑翔,时而引颈长鸣……在风景迷人的居延海演绎着快乐的“音符”,这是眼下居延海湿地的真实写照。说明调水和治理使野生动物赖以生存的栖息地得到了一定程度的恢复,促进了绿洲生物多样性的发展。

目前,东居延海已逐渐恢复为动植物多样化的湿地生态系统,成为大批候鸟迁徙的“驿站”、栖息地和繁殖地,一度绝迹的黑河尾闾特有鱼类大头鱼再次畅游湖区。2022 年监测结果显示,在居延海湿地集聚的鸟类有 130 种,栖息候鸟数量 10 万余只,最大种群雁类达 1 万多只。其中,有国家一级保护鸟类黑鹳、遗鸥等 5 种,国家二级保护鸟类白鹭、天鹅、红嘴鸥等 12 种。

3.3　湿地景观生态变化

结合本次解译的目标,按照前文所述解译方法,对近 30 年来东居延海湿地景观生态变化进行解译。为了判断目视解译结果的准确性,对东居延海湿地进行了野外调查验证工作。共选取了 12 个样本点对景观生态变化情况进行调查与验证(见图 3-8)。利用 GPS 对每个样本点进行了定位,并对该样点的生态类型和周围环境进行了记录和拍照。

近 30 年来东居延海湿地不同年份覆被面积变化见表 3-5、图 3-9。分水前,20 世纪 80 年代初期东居延海仍保留一定面积(约 23 km^2),植被主要以灌木和草本为主,南部绕东居延海呈带状分布,且连续性较好,但由于湖泊面积较小,湖盆边缘区大部分裸露,盐碱地广泛分布。20 世纪 90 年代初,湖泊面积较大,这与 1989 年来水偏丰有关,正义峡下泄水量为 15.7 亿 m^3,远高于 90 年代以前正义峡的多年平均下泄水量 9.5 亿 m^3,与莺落峡多年平均来水相当,植被分布总体格局未发生显著变化,但斑块出现明显的破碎化,由于 1989 年来水量相对较大,裸露的湖盆多被水体淹没,盐碱地和裸土地相对较少。自 1991 年以来,随着进入下游的水量明显减少(正义峡 1991 年和 1992 年大致为 5.5 亿 m^3),下游河道出现断流,来水已无法补给东居延海,导致 1992 年至 2002 年东居延海出现连续多年干涸,2000年时东居延海湖盆为裸土覆盖,植被支离破碎,盐碱地和沙地面积明显增加。

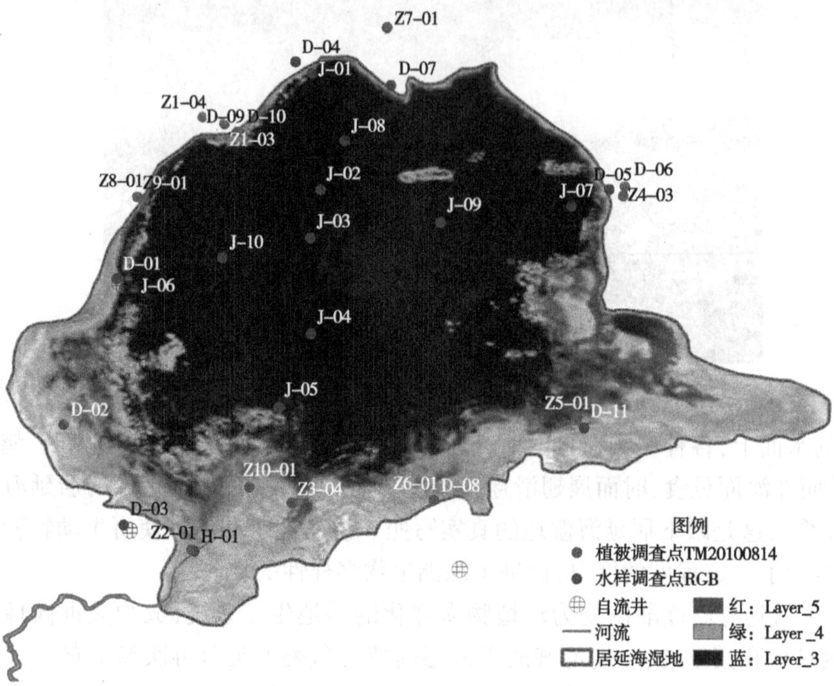

图 3-8　东居延海植被和水文调查点分布

表 3-5　东居延海湿地不同年份覆被面积变化　单位:km²

覆被类型	1980年	1990年	2000年	2005年	2010年	2018年
高覆被灌木	0.41	2.57	0.25	0.92	0.92	3.59
中覆被灌木	9.33	0.97	1.88	0.64	0.64	0.73
低覆被灌木		4.20	1.04	0.38	0.38	1.35
高覆被草地	0.41	1.41	1.16	2.68	3.41	6.47
中覆被草地	10.23	1.73	3.92	4.59	7.65	6.34
低覆被草地		0.71	3.72	4.75	2.45	1.53
湖泊	22.83	40.59	0	41.37	42.95	39.68
裸土地		5.38	43.04	3.53	2.22	1.90
沙地	2.95	2.41	3.37	1.07	1.07	1.27
盐碱地	20.84	7.04	8.62	7.08	5.32	4.15

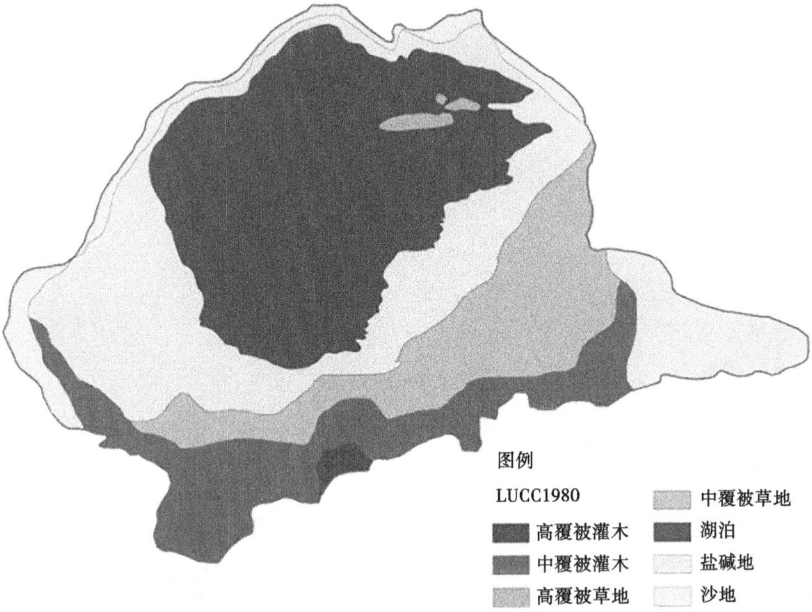

(a) 1980 年

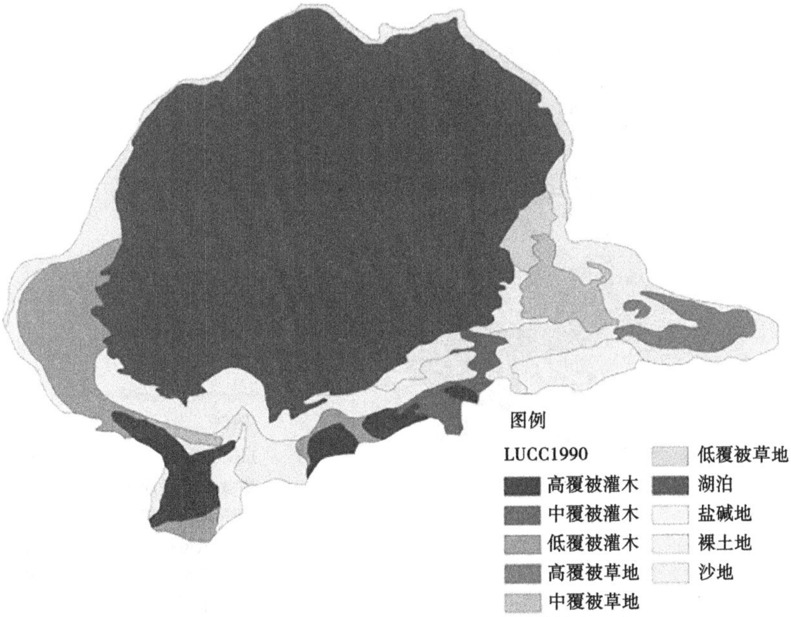

(b) 1990 年

图 3-9　东居延海湿地植被变化

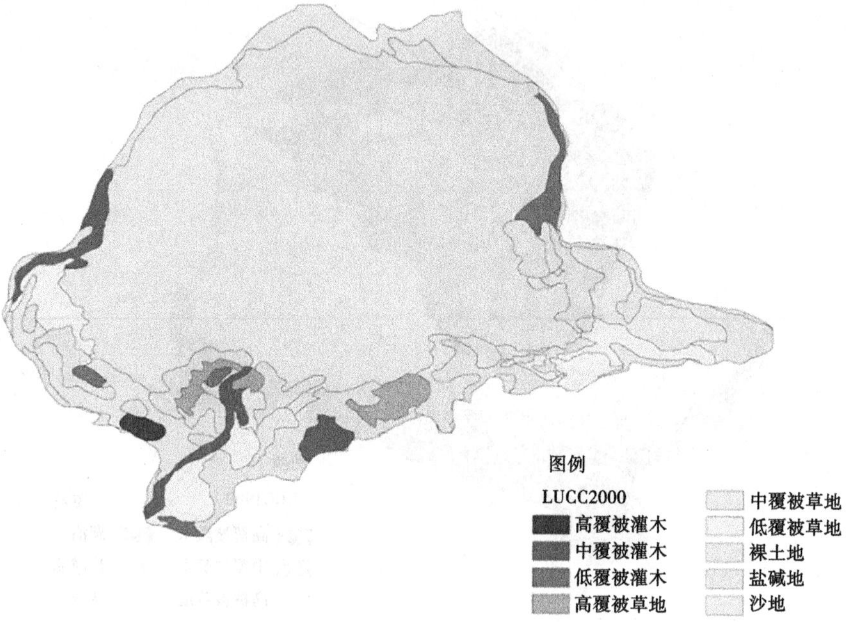

(c)2000 年

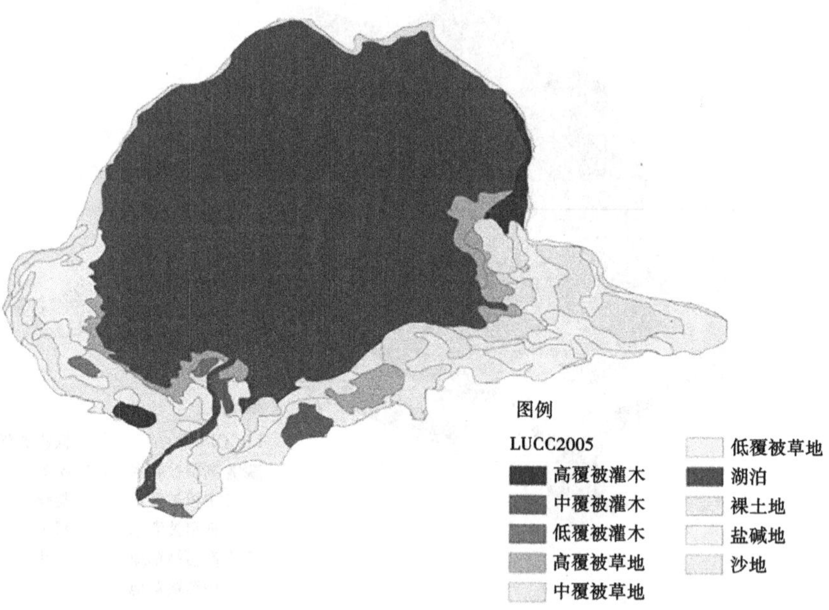

(d)2005 年

续图 3-9

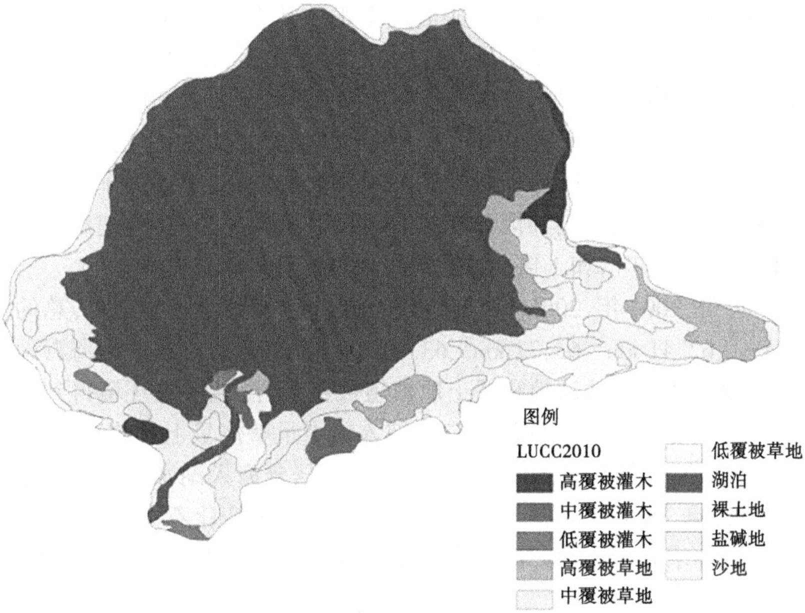

(e)2010 年

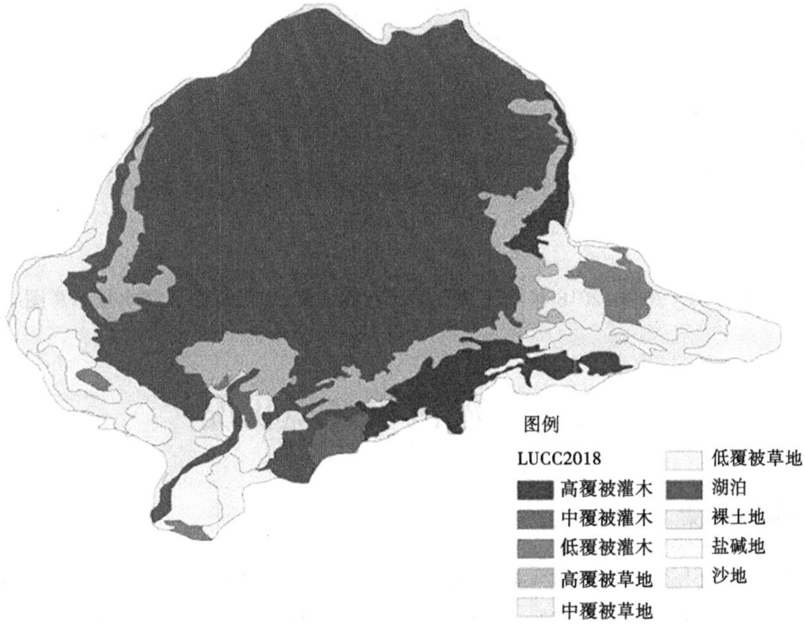

(f)2018 年

续图 3-9

2002年7月17日东居延海首次进水,自2004年8月中旬以来,东居延海已实现连续多年不干涸,湖面相对稳定。2005年,狼心山来水达到5.08亿 m^3,东居延海入湖水量达到3 500万 m^3,累计进水57 d,东居延海面积达到41 km^2,周边植被明显好转,高、中、低覆被草地面积明显增加,裸土地、沙地和盐碱地面积明显减少。2010年受来水量影响,湖泊面积达到42.9 km^2,与2005年相比,高、中覆被草地面积进一步增加,而低覆被面积略有减少,同时盐碱地和裸土地面积也进一步减少;2018年遥感解译的湖泊面积约39.7 km^2,略有减少,而湖泊内和周边明显有大量芦苇密集分布,致使高覆被灌木和草地面积较2010年增加近3倍和1倍,沙地、裸土地和盐碱地明显减少。

由表3-5可得,2000年、2005年、2010年、2018年除裸土地、沙地外,总的土地面积分别为20.59 km^2、62.41 km^2、63.72 km^2、63.84 km^2。整体而言,东居延海湿地主要变化表现为盖度的增加以及部分盐碱地和裸土地被植被覆盖,湿地生态环境得到明显改善。由图3-10可知,2000年以来历年额济纳三角洲入境水量整体呈上升趋势,仅2001年、2004年、2010年入境水量有所下降,但是2005年以来东居延海入湖水量整体变化不大。同时结合表3-5来看,自2005年以来,东居延海湿地面积基本变化不大。因此,需统筹协调东居延海周边生态需求和东居延海湿地生态保护需求,提高东居延海水资源利用效率。

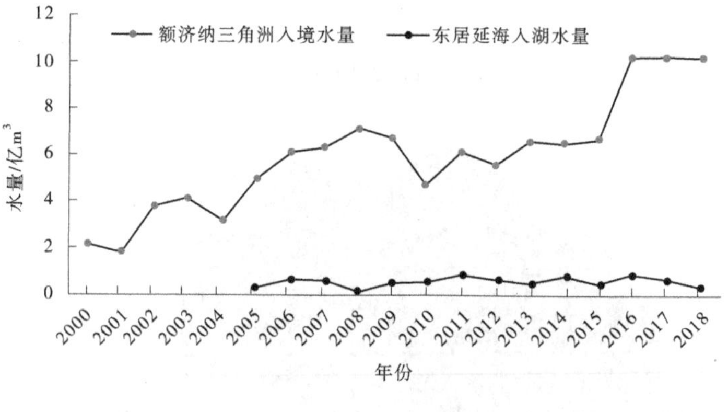

图3-10　2000~2018年额济纳三角洲入境水量、东居延海入湖水量示意图

3.4　湖区水环境状况

3.4.1　样品采集与分析

为了分析生态输水对东居延海湖水水化学的影响,2016年项目组对东居延海湖水进行采样测定(见图3-11、图3-12)。根据东居延海周围地形地貌、植被生长状况,设湖区采样点10个、地下水采样点10个,调查点分布见图3-9。采样操作过程严格按照《环境水质监测质量保证手册》中的规定进行。采集水样的采样器为聚乙烯塑料容器,所有采样瓶都预先用原水反复冲洗3次,采样时采样瓶需要装满,一定排出容器内多余空气,密封瓶盖避光,采集的水样放冰箱里保存。为了保障分析前水样中各组分含量不受影响,采样完

成后尽快送去实验室检测。采用日本多参数水质分析仪（U50，HORIBA）对水温、pH、电导率、溶解氧、氧化还原电位 ORP、溶解性总固体 TDS、盐度和海水视比重 SG 等参数进行现场测定，其余离子成分由中国科学院内陆河流域生态水文重点实验室分析。Na^+、K^+、Ca^{2+}、Mg^{2+}、SO_4^{2-}、Cl^- 使用离子色谱仪（Dionex ICS3000）测定，HCO_3^- 采用滴定法测定。

图 3-11　现场水样采集

图 3-12　地下水样采集

3.4.2　水化学参数统计性分析

对东居延海 10 个湖水水样的相关化学参数统计性特征（见表 3-6）。统计结果显示，研究区湖水中 Cl^-、SO_4^{2-}、Mg^{2+} 和 Na^+ 质量浓度较高，HCO_3^-、Ca^{2+}、K^+ 质量浓度很低。Cl^- 质量浓度介于 980.08～1 689.80 mg/L，HCO_3^- 质量浓度介于 244.66～532.65 mg/L，SO_4^{2-} 质量浓度介于 1 973.14～3 723.26 mg/L；Ca^{2+} 质量浓度介于 36.43～105.25 mg/L，Mg^{2+} 质量浓度介于 504.19～3 003.34 mg/L，Na^+ 质量浓度介于 1 061.90～1 645.64 mg/L，K^+ 质量浓度介于 54.15 ～ 92.97 mg/L。从离子摩尔浓度（见图 3-13）来看，研究区湖水中阴阳离子浓度大小顺序分别为 $SO_4^{2-}>Cl^->HCO_3^-$、$Mg^{2+}>Na^+>K^+>Ca^{2+}$，说明研究区呈现明显的蒸发沉积特征，致使 Mg^{2+}、Na^+ 升高而 Ca^{2+} 含量降低。

表 3-6　东居延海湖水水化学参数统计特征值

水化学参数	最小值	最大值	均值	标准差	变异系数	偏度
pH	8.51	9.73	9.04	0.46	0.05	0.30
EC/(ms/cm)	13.33	20.32	16.03	2.37	0.15	0.91
TDS/(mg/L)	5 449.76	10 267.78	7 275.99	1 563.72	0.21	0.69
HCO_3^-/(mg/L)	244.66	532.65	387.21	107.79	0.28	0.23
CO_3^{2-}/(mg/L)	97.68	234.43	159.22	43.87	0.28	-0.11
Cl^-/(mg/L)	980.08	1 689.80	1 231.62	251.81	0.20	1.16
SO_4^{2-}/(mg/L)	1 973.14	3 723.26	2 746.88	560.81	0.20	0.84
Ca^{2+}/(mg/L)	36.43	105.25	57.48	20.91	0.36	1.36
Mg^{2+}/(mg/L)	504.19	3 003.34	1 924.05	919.36	0.48	-0.67
K^+/(mg/L)	54.15	92.97	67.81	15.10	0.22	1.09
Na^+/(mg/L)	1 061.90	1 645.64	1 248.14	173.37	0.14	1.47

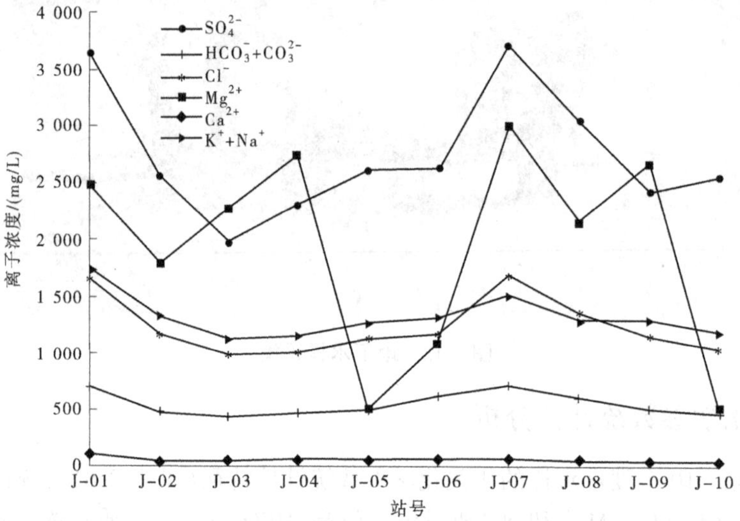

图 3-13　湖水离子摩尔浓度

由东居延海 10 个地下水水样的相关化学参数统计性特征值(见表 3-7)分析可以看出,研究区地下水中离子质量特征和湖水离子有相同的特征,Cl^-、SO_4^{2-}、Mg^{2+}和 Na^-质量浓度较高,HCO_3^-、Ca^{2+}、K^+质量浓度很低。Cl^-质量浓度介于 366.93~5 093.54 mg/L,HCO_3^-质量浓度介于 89.38~1 887.76 mg/L,SO_4^{2-} 质量浓度介于 387.84~9 657.22 mg/L;Ca^{2+}质量浓度介于 103.63~566.73 mg/L,Mg^{2+}质量浓度介于 19.88~4 559.54 mg/L,Na^+质量浓

度介于489.26~4 600.55 mg/L,K^+质量浓度介于0.53~180.21 mg/L。从离子摩尔浓度(见图3-14)来看,研究区地下水阴阳离子浓度大小顺序分别为$SO_4^{2-}>Cl^->HCO_3^-$、$Mg^{2+}>Na^+>K^+>Ca^{2+}$,说明研究区呈现明显的矿物溶解、离子交换和蒸发沉积特征,致使Mg^{2+}、Na^+升高而Ca^{2+}含量降低。

表3-7 东居延海周边地下水水化学参数统计特征值

水化学参数	最小值	最大值	均值	标准差	变异系数	偏度
pH	7.37	7.74	7.63	0.11	0.01	-1.58
EC/(ms/cm)	5.53	49.00	15.38	14.04	0.91	1.78
TDS/(mg/L)	1 775.65	23 491.50	7 133.10	7 131.07	1.00	1.65
HCO_3^-/(mg/L)	89.38	1 887.76	570.84	595.84	1.04	1.59
CO_3^{2-}/(mg/L)	8.88	190.92	77.37	65.76	0.85	0.91
Cl^-/(mg/L)	366.93	5 093.54	1 418.42	1 453.78	1.02	2.08
SO_4^{2-}/(mg/L)	387.84	9 657.22	2 369.22	2 997.96	1.27	1.94
Ca^{2+}/(mg/L)	103.63	566.73	186.62	139.01	0.74	2.73
Mg^{2+}/(mg/L)	19.88	4 559.54	1 471.78	1 435.17	0.98	1.29
K^+/(mg/L)	0.53	180.21	45.52	66.07	1.45	1.28
Na^+/(mg/L)	489.26	4 600.55	1 356.13	1 286.00	0.95	2.09

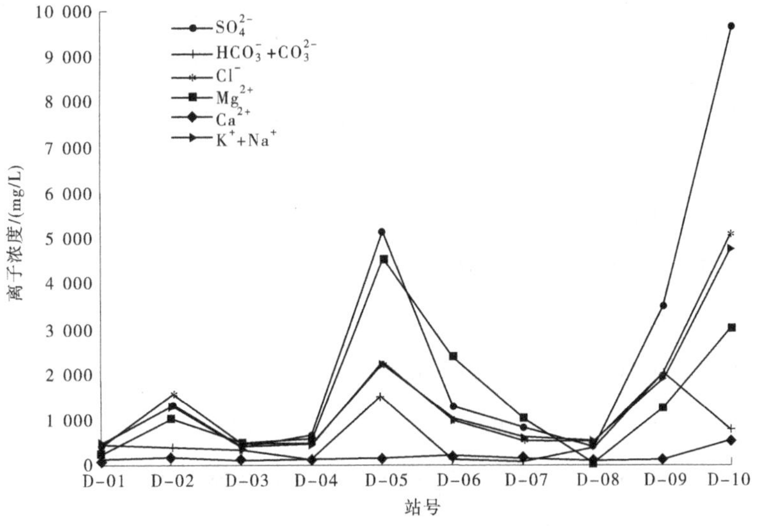

图3-15 地下水离子摩尔浓度对比

研究区湖水中各个离子的质量浓度变异系数较小,均小于0.50。以上表明,各个离子对水文地质条件、地形地貌、水文气象和人类活动等外界环境的影响不敏感,反映它们在湖水中的含量变化较为稳定。研究区湖水中矿化度质量浓度很高,介于5 449.72~

10 267.78 mg/L,均值为 7 275.99 mg/L,属于咸水。

研究区地下水中 TDS、Cl^-、SO_4^{2-}、HCO_3^- 和 K^{K+} 的质量浓度变异系数较大,分别为 1.00、1.02、1.27、1.04 和 1.45,其他水质参数的变异系数均小于 1。以上表明,TDS、Cl^-、SO_4^{2-} 和 HCO_3^- 相比其他离子对水文地质条件、地形地貌、水文气象和人类活动等外界环境的影响更为敏感,反映它们在地下水中的含量变化较大,是随环境变化的敏感因子,是决定地下水盐化的主要变量。研究区地下水中矿化度质量介于 1 775.65~23 491.50 mg/L,均值为 7 133.10 mg/L,属于咸水。

3.4.3 水化学参数相关性分析

相关性分析可揭示湖水水化学参数的相似性及来源的一致性和差异性。表 3-8 为东居延海湖区 10 个采样点 11 个水化学参数的 Pearson 相关系数矩阵。从整个研究区来看,HCO_3^-、Cl^-、Mg^{2+}、SO_4^{2-}、Na^+、K^+与 TDS 质量浓度之间具有显著的正相关关系,相关系数分别达到 0.57、0.67、0.83、0.50、0.53 和 0.69。其中,Cl^-、Mg^{2+}、K^+与 TDS 浓度之间的相关系数达到 0.6 以上,是研究区湖水的主要离子成分。此外,Cl^-与 Na^+,SO_4^{2-} 与 Na^+之间也具有较高的相关性。研究区常见的矿物有岩盐、方解石、白云石、石膏、芒硝和钠长石等硅酸盐矿物等,由此可以初步推测岩盐、方解石、白云石、石膏等矿物的风化溶解是湖水 Na^+、Ca^{2+}、Mg^{2+}、SO_4^{2-} 等离子的主要来源;由 Cl^-与 Ca^{2+}、Mg^{2+}之间的显著相关性可以初步推断阳离子交换作用的存在。

表 3-8　湖水水化学参数相关系数矩阵

水化学参数	HCO_3^-	CO_3^{2-}	Cl^-	SO_4^{2-}	Ca^{2+}	Mg^{2+}	K^+	Na^+	pH	EC	TDS
HCO_3^-	1										
CO_3^{2-}	-0.17	1									
Cl^-	0.72	0.47	1								
SO_4^{2-}	0.78	0.28	0.93	1							
Ca^{2+}	0.73	-0.29	0.56	0.67	1						
Mg^{2+}	0.39	0.14	0.24	0.06	0.14	1					
K^+	0.75	0.43	0.98	0.91	0.53	0.28	1				
Na^+	0.57	0.46	0.89	0.79	0.62	0.20	0.88	1			
pH	-0.70	0.66	-0.24	-0.35	-0.73	-0.13	-0.28	-0.25	1		
EC	0.72	0.47	1.00	0.93	0.56	0.24	0.98	0.89	-0.24	1	
TDS	0.57	0.38	0.67	0.50	0.28	0.83	0.69	0.53	-0.09	0.67	1

表 3-9 为东居延海周边 10 个地下水采样点 11 个水化学参数的 Pearson 相关系数矩阵。可以看出,EC、CO_3^{2-}、Cl^-、Ca^{2+}、Na^+、Mg^{2+}、SO_4^{2-} 与 TDS 质量浓度之间具有显著的正相

关关系,相关系数分别达到 0. 95、0. 76、0. 92、0. 72、0. 89、0. 96 和 0. 98。其中,Cl^-、SO_4^{2-}、Mg^{2+}与 TDS 浓度之间的相关系数达到 0. 9 以上,是研究区地下水的主要离子成分。此外,Cl^-与 Na^+,SO_4^{2-} 与 Na^+、Mg^{2+}之间也具有较高的相关性。由此可以初步推测岩盐、方解石、白云石、石膏等矿物的风化溶解是地下水 Na^+、Ca^{2+}、Mg^{2+}、SO_4^{2-} 等离子的主要来源;由 Cl^-与 Ca^{2+}、Mg^{2+}之间的显著相关性可以初步推断阳离子交换作用的存在。

表 3-9　地下水化学参数相关系数矩阵

水化学参数	HCO_3^-	CO_3^{2-}	Cl^-	SO_4^{2-}	Ca^{2+}	Mg^{2+}	K^+	Na^+	pH	EC	TDS
HCO_3^-	1										
CO_3^{2-}	0. 86	1									
Cl^-	0. 50	0. 71	1								
SO_4^{2-}	0. 48	0. 79	0. 92	1							
Ca^{2+}	-0. 10	0. 45	0. 72	0. 72	1						
Mg^{2+}	0. 30	0. 81	0. 86	0. 92	0. 72	1					
K^+	0. 80	0. 83	0. 82	0. 69	0. 33	0. 56	1				
Na^+	0. 57	0. 78	0. 98	0. 92	0. 72	0. 83	0. 82	1			
pH	-0. 16	-0. 72	-0. 80	-0. 71	-0. 65	-0. 71	-0. 49	-0. 78	1		
EC	0. 46	0. 69	0. 99	0. 95	0. 75	0. 89	0. 76	0. 96	-0. 78	1	
TDS	0. 42	0. 76	0. 92	0. 98	0. 72	0. 96	0. 68	0. 89	-0. 72	0. 95	1

3. 4. 4　水化学类型

根据湖水中的主要阳离子(Na^+、K^+、Ca^{2+}、Mg^{2+})和阴离子(HCO_3^-、SO_4^{2-}、Cl^-)的毫克当量浓度绘制 Piper 图(见图 3-15)。通过详细分析图 3-15 和 10 个地下水样数据发现,研究区水化学类型较为简单。依据舒卡列夫分类方法,按照离子毫克当量百分数 20%为界划分水化学类型。研究区湖泊水化学类型主要为 $Mg-Na-SO_4-Cl$ 以及 $Mg-SO_4-Cl$。

图 3-16 显示各地下水水样和湖水有相似的特征,通过详细分析图 3-16 和 10 个地下水样数据发现,研究区地下水水化学类型较为复杂。依据舒卡列夫分类方法,按照离子毫克当量百分数 20%为界划分水化学类型。研究区地下水化学类型主要为 $Mg^{2+}-Na^+-SO_4^{2-}-Cl^-$、$Mg^{2+}-Na^+-Cl^-$、$Mg^{2+}-Na^+-Cl^--SO_4^{2-}$、$Na^+-Cl^--SO_4^{2-}$ 以及 $Mg^{2+}-Na^+-SO_4^{2-}$。

3. 4. 5　水环境演变

经实地查勘和资料收集分析,东居延海无入湖排污口,周边污染不入湖,即东居延海无面源污染和点源污染情况。对湖区水环境演变分析主要集中在湖区矿化度及黑河入湖水质上。

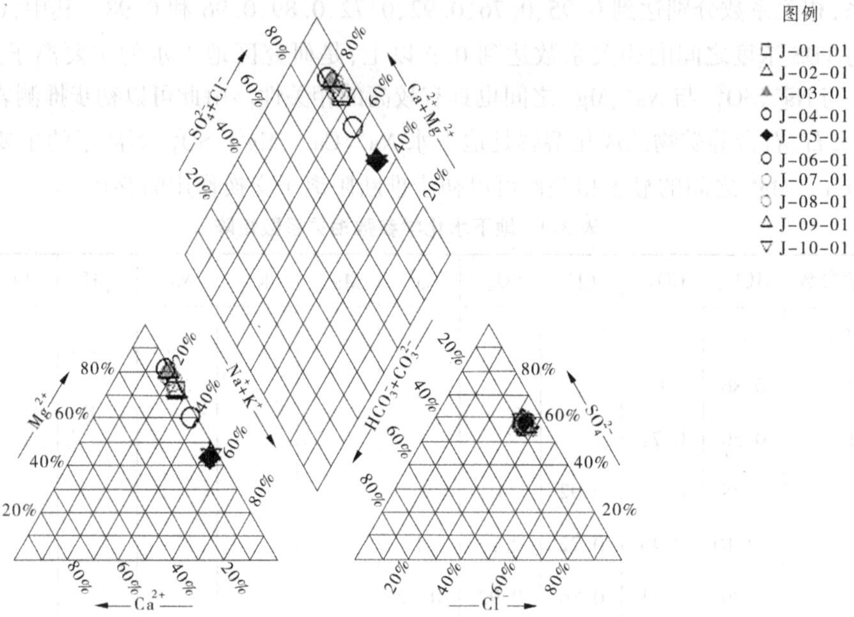

图 3-15 湖水 Piper 图

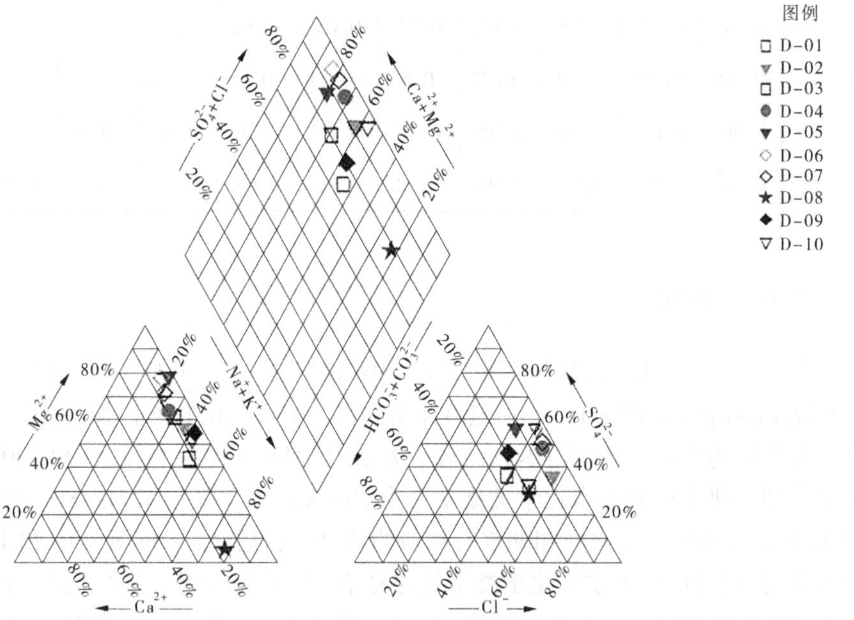

图 3-16 地下水 Piper 图

3.4.5.1 湖区矿化度分析

根据刘亚传(1992)调查,20 世纪 30 年代,东居延海为淡水湖,湖水的矿化度小于 1 g/L;60~80 年代中期,为微咸水湖,矿化度为 1~10 g/L;80 年代中期以来,湖泊矿化度升高,1986 年达到 34.5 g/L,基本为咸水湖;2001 年抽取浅水测定的矿化度也在 30 g/L 以上;分水后,矿化度明显降低,基本为微咸水湖(见表 3-10)。

表 3-10　1937~2016 年东居延海湖区矿化度情况

年份	平均矿化度/(g/L)	湖泊类型	水化学类型	文献来源
1937	<1	淡水湖	HCO_3^--SO_4^{2-}-Na^+-Ca^{2+}	刘亚传,1992
1960	2.3	微咸水湖	SO_4^{2-}-HCO_3^--Na^+-Mg^{2+}	
1979	7.4	微咸水湖	SO_4^{2-}-Cl^--Na^+-Mg^{2+}	
1982	5.2	微咸水湖	SO_4^{2-}-Cl^--Na^+-Mg^{2+}	
1985	9.7	微咸水湖	SO_4^{2-}-Cl^--Na^+-Mg^{2+}	
1986	34.5	咸水湖	SO_4^{2-}-Cl^--Na^+-Mg^{2+}	
2001	32.05	咸水湖	SO_4^{2-}-Cl^--Na^+-Mg^{2+}-Ca^{2+}	席海洋等,2007
2003	5.11	微咸水湖	SO_4^{2-}-Mg^{2+}-Na^+-Ca^{2+}	
2016	7.63	微咸水湖	SO_4^{2-}-Cl^--Mg^{2+}-Na^+	实测

根据中国科学院西北生态环境资源研究院成果,东居延海原为淡水湖,1960 年时湖水矿化度为 2.3 g/L,1979 年实测湖中心矿化度达 7~10 g/L,河流入口处 9 g/L。1982 年湖水补给略丰,实测矿化度有所下降,1985 年实测值又有上升。1986 年春矿化度升至 34.5 g/L,当年夏季湖面干涸。从 1937 年至 1986 年,东居延海湖水盐化速度很快,从淡水、轻度盐水、中度盐水到盐水;水化学类型由重碳酸盐硫酸盐型、硫酸盐重碳酸盐型到硫酸盐氯化物型。但直到干涸以前,并未演变成氯化物型,盐类沉积历史不长,盐结壳很薄,可见历史上一直具有河道湖的性质。

结合表 3-10 和图 3-17 可以看出,以 2000 年分水为基准,分水前后对比东居延海湖水矿化度明显降低,湖区大部分地区矿化度小于 10 g/L,尤其是入湖口,湖水矿化度由 1985 年的 9.7 g/L 下降为 2003 年的 5.11 g/L,说明生态输水明显降低了东居延海湖水的矿化度。分水后,东居延海湖水矿化度检测数据显示,2016 年较 2003 年矿化度略有升高,分析原因可能是东居延海水面蒸发量较大而消耗了大量的淡水,盐分由于没有水体的交换而堆积于湖内,随着时间的推移矿化度将会逐渐升高。

3.4.5.2　湖水水质分析

1. 湖区水质

湖区水质采用巴彦淖尔市水利科学研究所、阿拉善盟环境监测站等单位监测的 2012~2018 年湖中位置上层水质监测资料。

将 2012~2018 年各月水质监测数据汇总(见表 3-11),取其均值得到年均值数据。根据内蒙古自治区水功能区划要求,东居延海水功能区水质目标为Ⅲ类水质,按照《地表水环境质量标准》(GB 3838—2002)对 7 年的湖泊年均水质进行评价(见表 3-12)。7 年水质为Ⅳ类或Ⅴ类,未达到水质目标。以Ⅲ类水质为标准,主要污染因子为高锰酸盐指数、化学需氧量(COD)、五日生化需氧量、总磷(TP)和总氮(TN)五项指标。其中,溶解氧、氨氮、硒、挥发酚、氰化物、砷、六价铬、铜、锌、铅、镉、粪大肠菌群、阴离子洗涤剂、硫化物、氟化物和石油类均为Ⅰ类或Ⅱ类的水质情况。整体来说,除部分指标外水质情况较好。

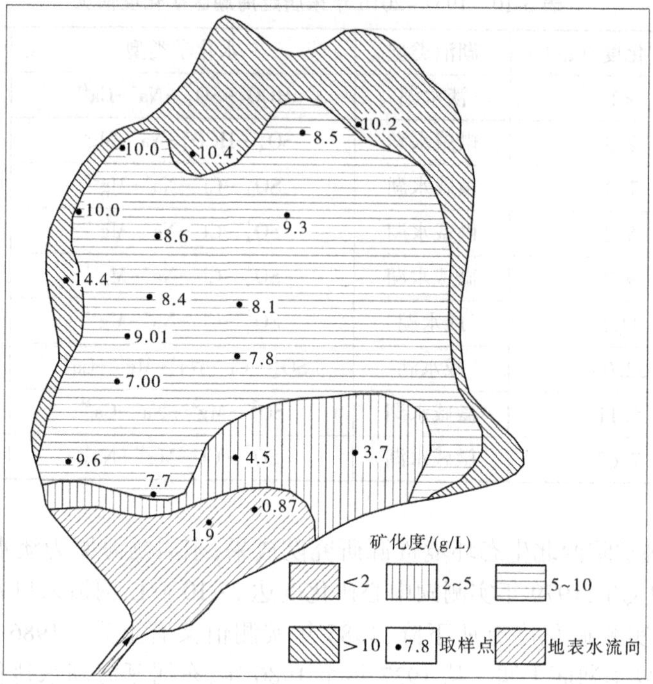

(a)东居延海 1979 年湖水矿化度

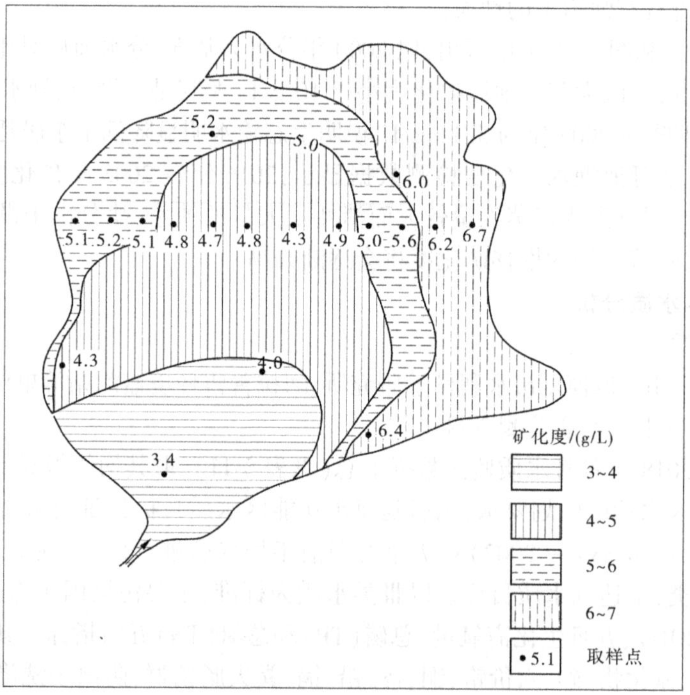

(b)东居延海 1982 年湖水矿化度

图 3-17 东居延海不同年份湖水矿化度

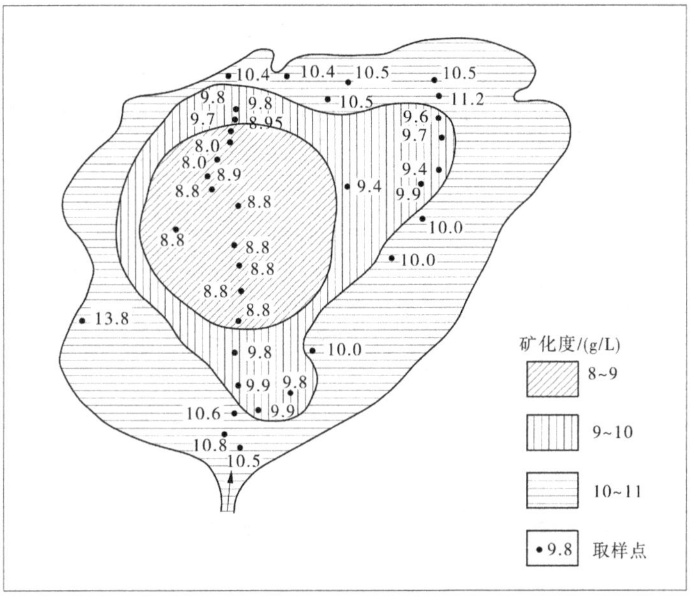

(c)东居延海 1985 年湖水矿化度

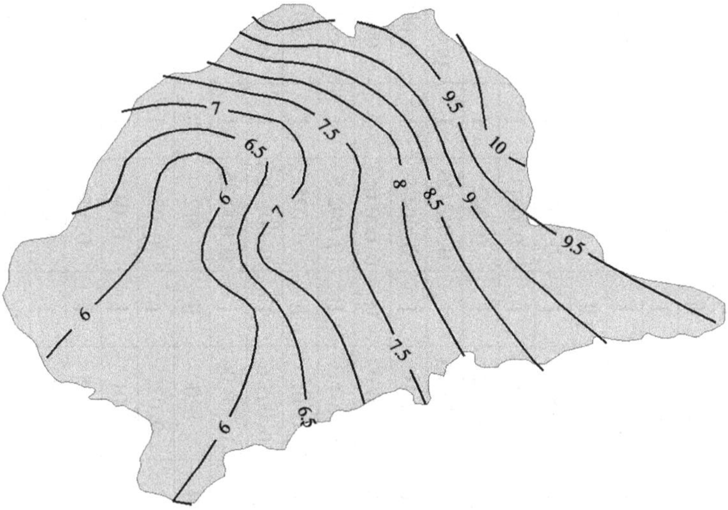

(d)东居延海 2016 年湖水矿化度　(单位:g/L)

续图 3-17

表 3-11　水质采集时间

年份	2012	2013	2014	2015	2016	2017	2018
月份	5	9、10	2、4、5、8、9、11、12	2、5、6、7、9、10、12	3、4、5、6、7、8、9、10、11	4、5、6、8、9、10、11、12	5

表 3-12　2012~2018 年东居延海年平均水质评价

项目	2012 年		2013 年		2014 年		2015 年		2016 年		2017 年		2018 年	
	浓度	类别	浓度	类别	浓度	类别	浓度	类别	浓度	类别	浓度	类别	浓度	类别
溶解氧	7	Ⅱ	6.45	Ⅱ	5.97	Ⅱ	5.2	Ⅱ	5.76	Ⅱ	7.55	Ⅰ	8.5	Ⅰ
高锰酸盐指数	2.1	Ⅱ	8.3	Ⅲ	4.6	Ⅲ	5	Ⅲ	9	Ⅳ	2.3	Ⅱ	5.1	Ⅲ
化学需氧量	17.9	Ⅲ	9.9	Ⅰ	23.7	Ⅳ	15.4	Ⅲ	34.3	Ⅴ	34.5	Ⅳ	28	Ⅳ
五日生化需氧量	2.3	Ⅰ	2.8	Ⅰ	3.34	Ⅲ	5.2	Ⅳ	6.4	Ⅴ	2.4	Ⅱ	1	Ⅰ
氨氮	0.39	Ⅱ	0.32	Ⅱ	0.34	Ⅱ	0.62	Ⅲ	0.53	Ⅲ	0.26	Ⅱ	0.16	Ⅰ
硒	0.000 15	Ⅰ	0.000 15	Ⅰ	0.000 2	Ⅰ	<DL	Ⅰ	0.000 15	Ⅰ	0.000 15	Ⅰ	0.000 4	Ⅰ
挥发酚	0.001	Ⅰ	0.001	Ⅰ	0.001	Ⅰ	<DL	Ⅰ	0.001	Ⅰ	0.001	Ⅰ	0.000 3	Ⅰ
氰化物	0.002	Ⅰ	0.002	Ⅰ	0.002	Ⅰ	<DL	Ⅰ	0.002	Ⅰ	0.002	Ⅰ	0.000 4	Ⅰ
砷	0.003 6	Ⅰ	0.003 95	Ⅰ	0.013 26	Ⅰ	0.023 5	Ⅰ	0.022 9	Ⅰ	0.017 13	Ⅰ	0.007 8	Ⅰ
六价铬	0.006	Ⅰ	0.003	Ⅰ	0.004 8	Ⅰ	0.009	Ⅰ	0.005 9	Ⅰ	0.006 8	Ⅰ	0.004	Ⅰ
汞	0.000 07	Ⅲ	0.000 09	Ⅲ	0.000 065	Ⅲ	0.000 08	Ⅲ	0.000 043	Ⅱ	0.000 015	Ⅱ	0.000 04	Ⅱ
铜	0.002 5	Ⅰ	0.007 3	Ⅰ	0.002 5	Ⅰ	<DL	Ⅰ	0.002 5	Ⅰ	0.002 5	Ⅰ	0.000 1	Ⅰ
锌	0.025	Ⅰ	0.07	Ⅱ	0.025	Ⅰ	<DL	Ⅰ	0.025	Ⅰ	0.025	Ⅰ	0.05	Ⅰ
铅	0.001 25	Ⅰ	0.005 6	Ⅰ	0.001 25	Ⅰ	<DL	Ⅰ	0.001 25	Ⅰ	0.001 25	Ⅰ	0.06	Ⅰ
镉	0.000 25	Ⅰ	0.000 06	Ⅰ	0.000 25	Ⅰ	<DL	Ⅰ	0.000 25	Ⅰ	0.000 25	Ⅰ	0.000 1	Ⅰ
粪大肠菌群	330	Ⅱ	820	Ⅱ	712	Ⅱ	1 400	Ⅱ	1 058	Ⅱ	793	Ⅱ	170	Ⅰ
阴离子洗涤剂	0.025	Ⅰ	0.025	Ⅰ	0.025	Ⅰ	<DL	Ⅰ	0.025	Ⅰ	0.025	Ⅰ	0.05	Ⅰ
硫化物	0.02	Ⅰ	0.01	Ⅰ	0.01	Ⅰ	<DL	Ⅰ	0.01	Ⅰ	0.01	Ⅰ	0.005	Ⅰ
氟化物	0.51	Ⅰ	0.635	Ⅰ	0.544	Ⅰ	1.45	Ⅲ	0.647	Ⅰ	0.456	Ⅰ	0.489	Ⅰ
石油类	0.025	Ⅰ	0.025	Ⅰ	0.025	Ⅰ	<DL	Ⅰ	0.025	Ⅰ	0.025	Ⅰ	0.01	Ⅰ
总磷	0.06	Ⅳ	0.08	Ⅳ	0.044	Ⅲ	0.04	Ⅲ	0.043	Ⅲ	0.03	Ⅲ	0.08	Ⅳ
总氮									0.877		0.75			
水质类别	Ⅳ		Ⅳ		Ⅳ		Ⅳ		Ⅴ		Ⅳ		Ⅳ	

注：1. 粪类大肠菌群单位为个/L，其他单位为 mg/L。
2. DL 表示测定结果低于分析方法的最低检出浓度。

根据东居延海水质指标的超标情况，结合湖泊水质污染常规监测指标，选择COD、氨氮、TP、TN四个指标，对2016年、2017年逐月指标值进行统计分析，得到逐月超标的指标及所属类别，如表3-13所示。将统计数据与《地表水环境质量标准》(GB 3838—2022)Ⅲ类标准对比，东居延海湖区COD大部分不达标，氨氮均达标，TP、TN有部分超标。

表3-13　2016年、2017年逐月水质超标指标及其类别　单位：mg/L

监测时间（年-月-日）	COD		氨氮		TP		TN	
	浓度	类别	浓度	类别	浓度	类别	浓度	类别
2016-03-22	24.9	Ⅳ	0.245	Ⅱ	0.01	Ⅰ	0.57	Ⅲ
2016-04-21	32.9	Ⅴ	0.125	Ⅰ	0.02	Ⅱ	0.247	Ⅱ
2016-05-20	38.7	Ⅴ	0.653	Ⅲ	<0.01	Ⅰ	1.46	Ⅳ
2016-06-16	25.5	Ⅳ	0.049	Ⅰ	0.01	Ⅰ	1.09	Ⅳ
2016-07-18	30.3	Ⅴ	0.342	Ⅱ	0.04	Ⅲ	2.29	劣Ⅴ
2016-08-22	38.3	Ⅴ	0.254	Ⅱ	0.03	Ⅲ	0.644	Ⅲ
2016-09-14	32.1	Ⅴ	0.062	Ⅰ	0.01	Ⅰ	0.408	Ⅱ
2016-10-14	29.8	Ⅳ	0.248	Ⅱ	0.02	Ⅱ	0.306	Ⅱ
2017-04-16	33.6	Ⅴ	0.458	Ⅱ	0.03	Ⅲ	0.722	Ⅲ
2017-05-15	48.6	劣Ⅴ	0.154	Ⅱ	0.01	Ⅰ	0.81	Ⅲ
2017-06-05	39.2	Ⅴ	0.36	Ⅱ	0.02	Ⅱ	1.09	Ⅳ
2017-07-04	37.9	Ⅴ	0.078	Ⅰ	0.04	Ⅲ	0.699	Ⅲ
2017-08-19	45.2	劣Ⅴ	0.428	Ⅱ	0.22	劣Ⅴ	1.39	Ⅳ
2017-09-24	19.4	Ⅲ	0.132	Ⅰ	0.12	Ⅴ	0.58	Ⅲ
2017-10-10	35	Ⅴ	0.096	Ⅰ	0.04	Ⅲ	0.401	Ⅱ
2017-11-13	32.9	Ⅴ	0.178	Ⅱ	0.04	Ⅲ	0.318	Ⅱ

2. 入湖水质

入湖水质采用狼心山断面2016年、2017年的水质监测资料。按照《地表水环境质量标准》(GB 3838—2002)Ⅲ类标准，同样选择COD、氨氮、TP、TN四个指标，对2016年、2017年监测数据进行评价(见表3-14)，评价结果如下：东居延海入湖水量COD超标主要集中在2016年7～10月，2017年均达标。氨氮基本上均达标，仅有两次超标，分别为2016年7月16日与2016年10月12日；TN超标率100%；TP以湖、库Ⅲ类水标准0.05 mg/L计，有部分超标，超标率为63.6%。

表 3-14 东居延海入湖(狼心山)2016 年、2017 年水质监测结果 单位:mg/L

监测时间(年-月-日)	COD		氨氮		TP		TN	
	浓度	类别	浓度	类别	浓度	类别	浓度	类别
2016-01-18	9.7	Ⅱ	0.311	Ⅱ	3.08	劣Ⅴ	0.04	Ⅲ
2016-03-20	7.5	Ⅱ	0.131	Ⅰ	2.34	劣Ⅴ	0.05	Ⅲ
2016-04-20	13.3	Ⅱ	0.383	Ⅱ	1.26	Ⅳ	0.06	Ⅳ
2016-05-18	19.4	Ⅲ	0.704	Ⅲ	1.63	Ⅴ	<0.01	Ⅰ
2016-07-16	26.7	Ⅳ	1.84	Ⅴ	2.3	劣Ⅴ	0.09	Ⅳ
2016-08-21	27.3	Ⅳ	0.122	Ⅰ	1.38	Ⅳ	0.11	Ⅴ
2016-09-13	22.6	Ⅳ	0.402	Ⅱ	1.79	Ⅴ	0.28	劣Ⅴ
2016-10-12	26.2	Ⅳ	1.34	Ⅳ	4.04	劣Ⅴ	0.1	Ⅳ
2016-11-14	8.3	Ⅱ	0.142	Ⅰ	1.01	Ⅳ	0.03	Ⅲ
2016-12-13	13.1	Ⅱ	0.53	Ⅲ	2.59	劣Ⅴ	0.11	Ⅴ
2017-01-12	<10	Ⅱ	0.151	Ⅱ	2.95	劣Ⅴ	0.09	Ⅳ
2017-02-13	<10	Ⅱ	0.24	Ⅱ	2.92	劣Ⅴ	0.07	Ⅳ
2017-03-14	18.9	Ⅲ	0.193	Ⅱ	2.81	劣Ⅴ	0.35	劣Ⅴ
2017-04-16	14.4	Ⅱ	0.396	Ⅱ	2.43	劣Ⅴ	0.13	Ⅴ
2017-05-15	13.1	Ⅱ	0.226	Ⅱ	1.46	Ⅴ	0.11	Ⅴ
2017-06-05	18.5	Ⅲ	0.15	Ⅰ	1.04	Ⅳ	0.05	Ⅲ
2017-07-04	8.1	Ⅱ	0.069	Ⅰ	1.05	Ⅳ	0.01	Ⅰ
2017-08-19	12.1	Ⅱ	0.258	Ⅱ	1.26	Ⅳ	0.21	劣Ⅴ
2017-09-24	16.4	Ⅲ	0.162	Ⅱ	1.77	Ⅴ	0.12	Ⅴ
2017-10-10	15.8	Ⅲ	0.05	Ⅰ	1.9	Ⅴ	0.22	劣Ⅴ
2017-11-13	12	Ⅱ	0.249	Ⅱ	1.23	Ⅳ	0.05	Ⅲ
2017-12-07	11.3	Ⅱ	0.236	Ⅱ	3.1	劣Ⅴ	0.05	Ⅲ

按照《地表水环境质量标准》(GB 3838—2002)Ⅲ类标准对 2017 年各月监测数据进行评价(见表 3-15),除 6 月、7 月水质属于Ⅳ类水质外,其他月份均属于Ⅴ类水质。根据水质指标所属类别,可将指标分为三类。一类为主要的水污染因子,包括 TP 和 TN;一类为在Ⅰ~Ⅲ范围内变化的高锰酸盐指数、化学需氧量;还有一类是在Ⅰ~Ⅱ范围内变化的其余指标。从整体来看,除 TP 和 TN 外水质情况较好。

表 3-15　2017 年逐月狼心山断面水质评价

单位:mg/L

项目	1月		2月		3月		4月		5月		6月		7月		8月		9月		10月	
	浓度	类别	浓度	类别	浓度	类别	浓度	类别	浓度	类别	浓度	类别	浓度	类别	浓度	类别	浓度	类别	浓度	类别
溶解氧	9.1	Ⅰ	10.1	Ⅰ	8.0	Ⅰ	8.4	Ⅰ	6.3	Ⅱ	6.8	Ⅱ	7.1	Ⅱ	6.4	Ⅱ	7.3	Ⅱ	9.2	Ⅰ
高锰酸盐指数	1.5	Ⅰ	1.6	Ⅰ	5.9	Ⅲ	4.4	Ⅲ	3.7	Ⅱ	5.3	Ⅲ	2.0	Ⅰ	2.7	Ⅱ	3.7	Ⅱ	3.0	Ⅱ
化学需氧量	<10	Ⅰ	<10	Ⅰ	18.9	Ⅲ	14.4	Ⅰ	13.1	Ⅲ	18.5	Ⅲ	8.1	Ⅰ	12.1	Ⅰ	16.4	Ⅲ	15.8	Ⅲ
五日生化需氧量	1.0	Ⅰ	0.7	Ⅰ	0.6	Ⅰ	<0.5	Ⅰ	1.8	Ⅰ	1.9	Ⅰ	1.3	Ⅰ	1.5	Ⅰ	<0.5	Ⅰ	0.7	Ⅰ
氨氮	0.151	Ⅱ	0.24	Ⅱ	0.193	Ⅱ	0.396	Ⅱ	0.226	Ⅱ	0.150	Ⅰ	0.069	Ⅰ	0.258	Ⅱ	0.162	Ⅱ	0.050	Ⅰ
总磷	0.09	Ⅳ	0.07	Ⅳ	0.35	Ⅴ	0.13	Ⅴ	0.11	Ⅴ	0.05	Ⅲ	0.01	Ⅰ	0.21	Ⅴ	0.12	Ⅴ	0.22	Ⅳ
总氮	2.95	Ⅴ	2.92	Ⅴ	2.81	Ⅴ	2.43	Ⅴ	1.46	Ⅳ	1.04	Ⅳ	1.05	Ⅳ	1.26	Ⅳ	1.77	Ⅴ	1.90	Ⅴ
铜	<0.010	Ⅰ	<0.010	Ⅰ	<0.010	Ⅰ	0.031	Ⅱ	<0.010	Ⅰ	<0.010	Ⅰ	<0.010	Ⅰ	<0.010	Ⅰ	<0.010	Ⅰ	<0.010	Ⅰ
锌	<0.005	Ⅰ	<0.005	Ⅰ	<0.005	Ⅰ	0.032	Ⅰ	<0.005	Ⅰ	<0.005	Ⅰ	<0.005	Ⅰ	<0.005	Ⅰ	<0.005	Ⅰ	<0.005	Ⅰ
氟化物	0.30	Ⅰ	0.28	Ⅰ	0.30	Ⅰ	0.44	Ⅰ	0.25	Ⅰ	0.22	Ⅰ	0.28	Ⅰ	0.34	Ⅰ	0.27	Ⅰ	0.28	Ⅰ
硒	<0.000 2	Ⅰ	<0.000 2	Ⅰ	0.000 2	Ⅰ	0.000 3	Ⅰ	0.000 2	Ⅰ	0.000 3	Ⅰ	0.000 2	Ⅰ	0.000 5	Ⅰ	0.000 7	Ⅰ	<0.000 2	Ⅰ

续表 3-15

项目	1月		2月		3月		4月		5月		6月		7月		8月		9月		10月	
	浓度	类别	浓度	类别	浓度	类别	浓度	类别	浓度	类别	浓度	类别	浓度	类别	浓度	类别	浓度	类别	浓度	类别
砷	0.001 6	Ⅰ	0.000 2	Ⅰ	0.001 1	Ⅰ	0.001 1	Ⅰ	0.001 1	Ⅰ	0.004 0	Ⅰ	0.000 4	Ⅰ	0.001 0	Ⅰ	0.001 4	Ⅰ	0.000 3	Ⅰ
汞	<0.000 15	Ⅲ	<0.000 15	Ⅴ	<0.000 05	Ⅰ	<0.000 05	Ⅰ	<0.000 05	Ⅰ	<0.000 05	Ⅰ	<0.000 05	Ⅰ	<0.000 05	Ⅰ	0.000 05	Ⅰ	<0.000 05	Ⅰ
镉	<0.002	Ⅱ	<0.002	Ⅱ	<0.002	Ⅰ	<0.002	Ⅰ	<0.002	Ⅰ	<0.002	Ⅰ	<0.002	Ⅰ	<0.002	Ⅰ	<0.002	Ⅰ	<0.002	Ⅰ
六价铬	0.014	Ⅱ	0.013	Ⅱ	0.005	Ⅰ	0.007	Ⅰ	0.006	Ⅰ	0.006	Ⅰ	0.005	Ⅰ	<0.004	Ⅰ	<0.004	Ⅰ	0.004	Ⅰ
铅	<0.05	Ⅲ	<0.05	Ⅲ	<0.005	Ⅰ	<0.005	Ⅰ	<0.005	Ⅰ	<0.005	Ⅰ	<0.005	Ⅰ	<0.005	Ⅰ	<0.005	Ⅰ	<0.005	Ⅰ
氰化物	<0.001	Ⅰ	<0.001	Ⅰ	<0.001	Ⅰ	<0.001	Ⅰ	<0.001	Ⅰ	0.001	Ⅰ	<0.001	Ⅰ	<0.001	Ⅰ	0.005	Ⅰ	<0.001	Ⅰ
挥发酚	<0.000 3	Ⅰ	<0.000 3	Ⅰ	0.000 8	Ⅰ	<0.000 3	Ⅰ	<0.000 3	Ⅰ	<0.000 3	Ⅰ	<0.000 3	Ⅰ	<0.000 3	Ⅰ	0.000 6	Ⅰ	<0.000 3	Ⅰ
石油类	<0.018	Ⅰ	<0.018	Ⅰ	<0.018	Ⅰ	<0.018	Ⅰ	<0.018	Ⅰ	<0.018	Ⅰ	<0.018	Ⅰ	<0.018	Ⅰ	<0.018	Ⅰ	<0.018	Ⅰ
阴离子表面活性剂	<0.050	Ⅰ	<0.050	Ⅰ	<0.050	Ⅰ	<0.050	Ⅰ	<0.050	Ⅰ	<0.050	Ⅰ	<0.050	Ⅰ	<0.050	Ⅰ	<0.050	Ⅰ	<0.050	Ⅰ
硫化物	<0.005	Ⅰ	0.024	Ⅰ	<0.005	Ⅰ	0.019	Ⅰ	0.019	Ⅰ	0.022	Ⅰ	<0.005	Ⅰ	0.013	Ⅰ	<0.005	Ⅰ	<0.005	Ⅰ
水质类别	Ⅴ		Ⅴ		Ⅴ		Ⅴ		Ⅴ		Ⅳ		Ⅳ		Ⅴ		Ⅴ		Ⅴ	

3. 对比分析

由表 3-16 可以看出，入湖（狼心山）COD 浓度均小于湖区 COD 浓度，可能的原因一方面是沿途受人类活动影响导致 COD 增加；另一方面是湖区有一定程度的内源污染。东居延海湖区氨氮、TP、TN 等这些指标明显优于入湖（狼心山）水质指标，且基本不超标，可能与河流自身的自净能力有关。湖区与入湖（狼心山）COD、氨氮、TP、TN 对比图见图 3-18～图 3-21。

表 3-16　湖区与入湖（狼心山）水质对比　　单位：mg/L

监测时间（年-月）	COD		氨氮		TP		TN	
	入湖	湖区	入湖	湖区	入湖	湖区	入湖	湖区
2016-03	7.5	24.9	0.131	0.245	0.05	0.01	2.34	0.57
2016-04	13.3	32.9	0.383	0.125	0.06	0.02	1.26	0.247
2016-05	19.4	38.7	0.704	0.653	<0.01	<0.01	1.63	1.46
2016-07	26.7	30.3	1.84	0.342	0.09	0.04	2.3	2.29
2016-08	27.3	38.3	0.122	0.254	0.11	0.03	1.38	0.644
2016-09	22.6	32.1	0.402	0.062	0.28	0.01	1.79	0.408
2016-10	26.2	29.8	1.34	0.248	0.1	0.02	4.04	0.306
2017-04	14.4	33.6	0.396	0.458	0.13	0.03	2.43	0.722
2017-05	13.1	48.6	0.226	0.154	0.11	0.01	1.46	0.81
2017-06	18.5	39.2	0.15	0.36	0.05	0.02	1.04	1.09
2017-07	8.1	37.9	0.069	0.078	0.01	0.04	1.05	0.699
2017-08	12.1	45.2	0.258	0.428	0.21	0.22	1.26	1.39
2017-09	16.4	19.4	0.162	0.132	0.12	0.12	1.77	0.58
2017-10	15.8	35	0.05	0.096	0.22	0.04	1.9	0.401
2017-11	12	32.9	0.249	0.178	0.05	0.04	1.23	0.318

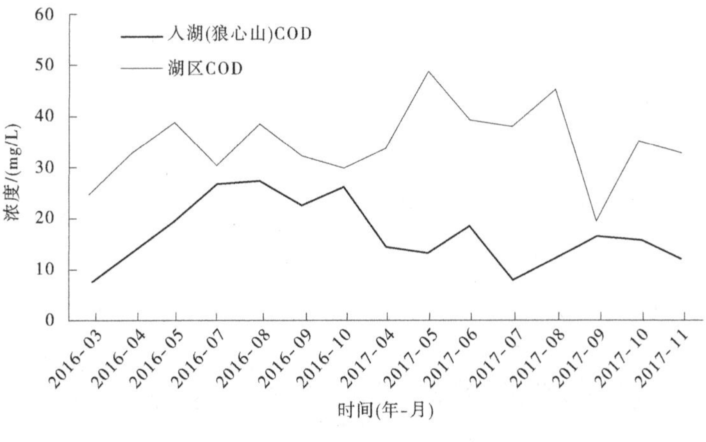

图 3-18　湖区与入湖（狼心山）COD 对比

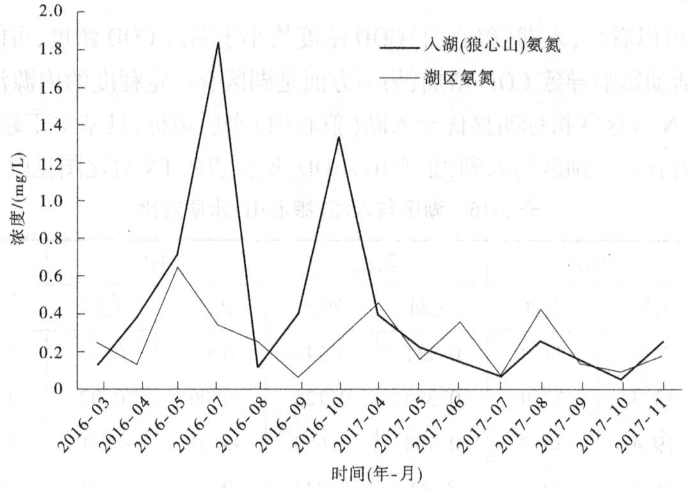

图 3-19　湖区与入湖(狼心山)氨氮对比

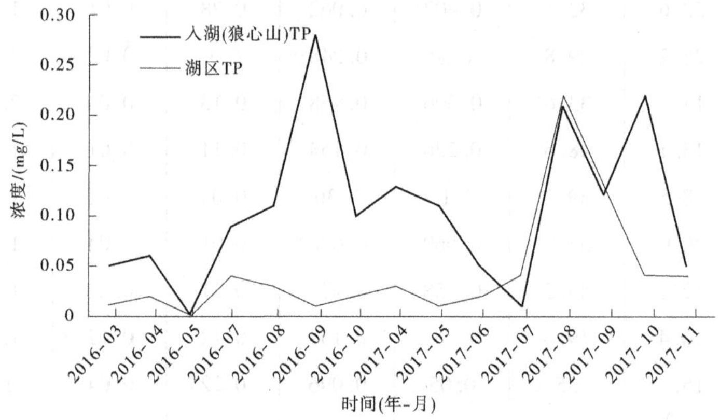

图 3-20　湖区与入湖(狼心山)TP 对比

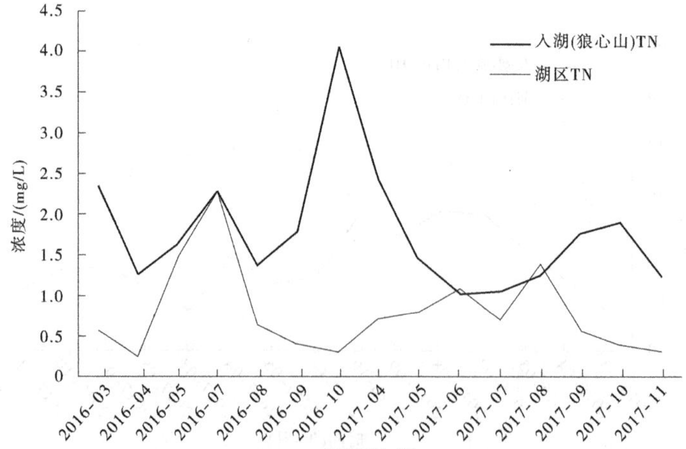

图 3-21　湖区与入湖(狼心山)TN 对比

3.5　入湖沙量及湖区淤积分析

3.5.1　入湖沙量分析

东居延海入湖沙量分析依据黑河干流狼心山水文站2002~2015年实测系列资料：多年平均含沙量为1.0 kg/m^3，多年平均输沙量为59.94万t，多年平均输沙模数为12 t/km^2，最大年输沙量为128.8万t，出现在2002年。狼心山水文站典型年及多年平均输沙量月分配见表3-17。

表3-17　狼心山水文站典型年及多年平均输沙量月分配　　单位：万t

典型年	1月	2月	3月	4月	5月	6月	7月	8月	9月	10月	11月	12月	全年
20%	0	0	2.85	0.05	0	0.02	0.68	43.73	21.56	14.13	0	0	83.02
50%	0	0	6.8	0.96	0	0	23.52	9.22	8.63	5.71	0	0	54.84
75%	0	0	0.14	0.63	0	4.1	25.7	0.4	4.53	2.05	0	0	37.55
95%	0	0	0.49	0.99	0.41	0	0	8.65	7.23	2.17	0	0	19.94
多年平均	0	0.02	2.12	0.76	0.23	0.46	19.67	13.63	16.78	6.24	0	0.03	59.94

3.5.2　湖区淤积分析

2003年、2015年和2019年，黑河流域管理局先后三次组织实施了东居延海湖区测量，根据测量成果(见表3-18)分别绘制了黑河东居延海水位-水面面积-库容曲线。

表3-18　东居延海库容测量新旧成果比对

水位/m	2003年资料		2015年资料		2019年资料	
	面积/km^2	库容/万m^3	面积/km^2	库容/万m^3	面积/km^2	库容/万m^3
899.76	0	0				
900	0.3	7.35				
900.2	0.6	16.5				
900.4	1.3	41				
900.6	1.9	62.1				
900.8	2.8	107.7				
901	4.3	183.4				
901.2	6.7	284.7	0.003	0.1	0	0
901.4	11.7	462.8	0.038	0.4	2.78	17.22

续表 3-18

水位/m	2003 年资料		2015 年资料		2019 年资料	
	面积/km^2	库容/万 m^3	面积/km^2	库容/万 m^3	面积/km^2	库容/万 m^3
901.6	17.1	757.3	7.893	49.2	5.91	109.2
901.8	21	1 133.7	15.29	277	8.31	252.52
902	25.3	1 608.4	21.14	628	11.74	457.06
902.2	27.8	2 125.6	25.63	1 082	14.8	725.52
902.4	31.6	2 723	29.15	1 623	19.89	1 068.26
902.6	34.9	3 387	32.6	2 235	34.03	1 640.24
902.8	37	4 124.9	35.69	2 910	36.43	2 351.13
903	38.9	4 911.5	39.21	3 652	39.3	3 109.83
903.2	40.4	5 689.3	43.75	4 473	43.66	3 941.7
903.4	41.2	6 515.3	48.62	5 402	48.42	4 878.12
903.6	42	7 341.4	51.92	6 418	51.59	5 891.78
903.8				7 650.5		6 598
903.9						7 448
904				8 696.1		8 014
904.2				9 349.6		
904.4				10 503.9		
904.6				11 799.6		
904.8				13 269.6		
905				14 576.2		

3.5.2.1 水位-水面面积关系

图 3-22 为依据 2003 年、2015 年和 2019 年测量成果绘制的水位-水面面积曲线,对比可见,库底最低点高程由 2003 年的 899.76 m 抬升至 2015 年的 901.20 m,湖区最低点抬升 1.44 m 。

在 901.00~903.00 m 高程区间,同水位对应面积 2003 年比 2015 年明显偏大,说明上述高程区间为主要淤积区,泥沙淤积导致湖区变浅。在 901.50~902.50 m 高程区间,同水位对应面积 2015 年比 2019 年明显偏大,说明上述高程区间为主要淤积区,泥沙淤积导致湖区变浅。

在 903.00 m 高程以上部分,同水位对应面积 2003 年比 2015 年明显偏小,说明在

903.00 m 高程以上部分基本无淤积影响,该高程也是根据实测资料近年来丰水情况下湖区能达到的较高水位。同水位情况下 2015 年比 2003 年面积增大,是湖区周边生态治理及环湖公路建设等所致。

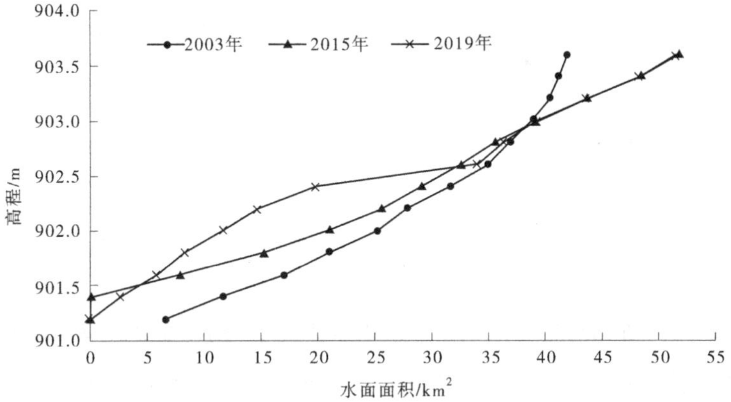

图 3-22　东居延海三期(2003 年、2015 年和 2019 年)水位-水面面积曲线

3.5.2.2　水位-库容关系

图 3-23 为依据 2003 年、2015 年和 2019 年测量成果绘制的水位-库容曲线。对比可见,在 902 m 水位下,2015 年比 2003 年库容减少 1 000 万 m^3 左右,2019 年比 2015 年库容减少 550 万 m^3 左右,说明 2003~2019 年湖区淤积较为严重,对库容影响较大。

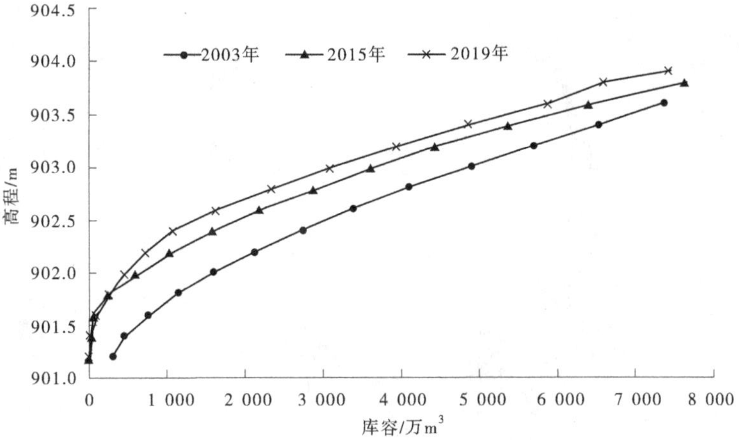

图 3-23　东居延海三期(2003 年、2015 年和 2019 年)水位-库容曲线

3.5.2.3　水面面积-库容关系

图 3-24 为依据 2003 年、2015 年和 2019 年测量成果绘制的水面面积-库容曲线。对比可见,在相同水面面积下,2003 年库容比 2015 年明显偏大,2015 年库容比 2019 年明显偏大。一方面说明淤积对库容的影响,另一方面库区周边地形发生了变化,由原来较为深陡变得较为宽浅。

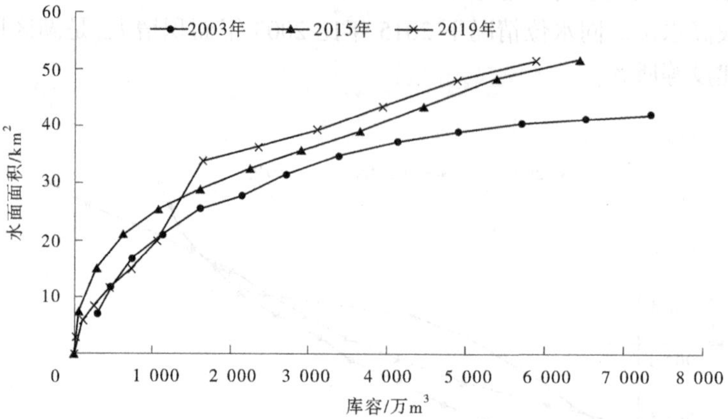

图 3-24　东居延海三期(2003 年、2015 年和 2019 年)水面面积-库容曲线

综上所述,根据 2003 年、2015 年、2019 年三期东居延海测量,东居延海发生了较大的变化,即“浅碟状”。一方面底部隆升,另一方面“口部”更加平缓,地形坦化。东居延海发生了较大的淤积,在 903.00 m 以上,同水位情况下面积 2019 年最大、2003 年最小,受东居延海库区修建环湖公路、旅游景观设施等影响,库区四周地形地貌发生了变化,尤其是接近环湖公路的高水部分水面面积较大。

根据 2019 年最新测量数据,绘制湖泊水深空间分布图(见图 3-25)。

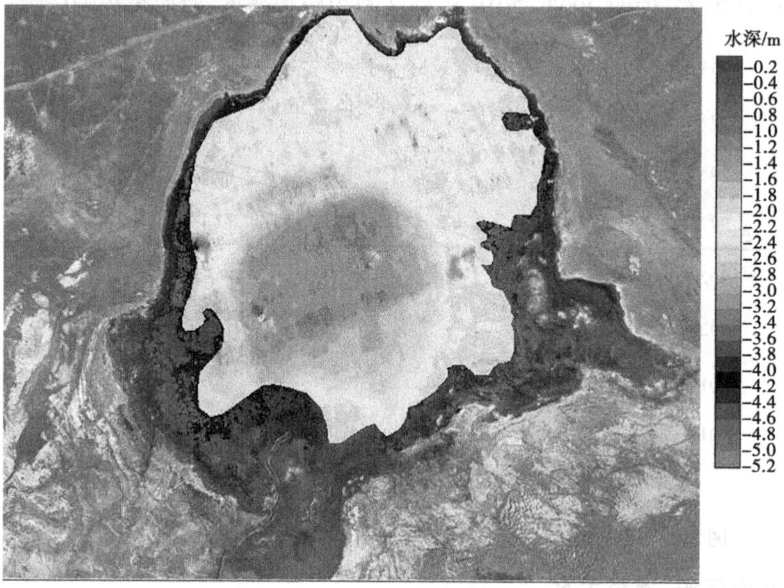

图 3-25　湖泊水深空间分布

为进一步了解东居延海湖区现状水深及地形变化情况,也为下一步划定清淤范围提供准确位置信息,根据 2015 年及 2019 年实测地形数据,分别绘制了湖区 2019 年现状等深线平面变化图(见图 3-26)和 2015~2019 年淤积厚度平面分布图(见图 3-27)。

由图 3-27 可以看出,东居延海湖区前半部分表现为冲刷,后半部分表现为淤积,水深最大的区域位于湖区中部。

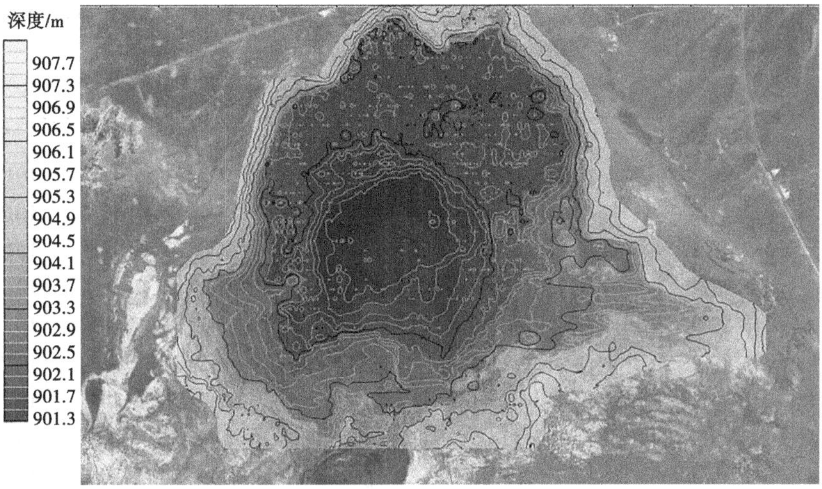

图 3-26　东居延海 2019 年现状等深线平面变化

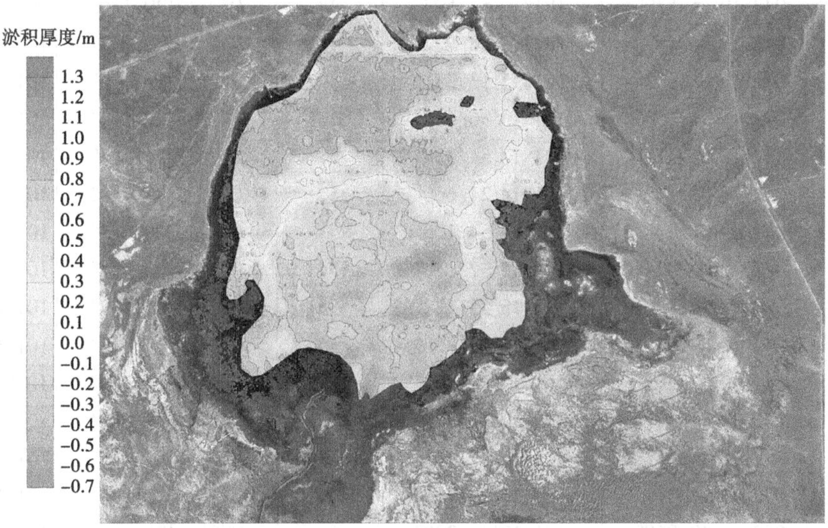

图 3-27　东居延海 2015~2019 年淤积厚度平面分布

3.6　湖区淤积物物化特性

3.6.1　野外取样

2019 年 10 月 16~24 日,野外工作组一行 6 人采用取样铲对淤积物进行取样。根据现有水文资料可知,东居延海河床起伏较小,水深一般在 3 m 以内。因此,测量时使用长柄取样铲对河床淤积物进行人工取样。取样与水深测量工作同时开展,水上取样应在无风浪的停船状态下进行,保证取样坐标记录的精确性。对于取出的土样,应及时装入已编号的取样袋中密封。

在取样位置选择上，在保证行船安全的条件下尽量使取样点位对整个水面面积实现有效的均匀覆盖，从而全面掌握东居延海河床淤积物物化特性。本次淤积物取样工作共设置取样点 72 个，取样点位置坐标见表 3-19，分布见图 3-28。

表 3-19　东居延海泥沙取样点位置坐标

取样点	纬度(北纬)	经度(东经)	取样点	纬度(北纬)	经度(东经)
1	042°20′09.610″	101°15′23.028″	37	042°17′55.182″	101°15′11.838″
2	042°19′51.792″	101°14′40.620″	38	042°17′48.126″	101°16′41.724″
3	042°19′43.996″	101°15′38.436″	39	042°17′56.733″	101°17′02.362″
4	042°19′46.776″	101°15′44.946″	40	042°17′37.550″	101°12′39.839″
5	042°19′29.761″	101°14′05.330″	41	042°17′37.685″	101°13′29.423″
6	042°19′32.598″	101°14′44.664″	42	042°17′33.941″	101°13′51.286″
7	042°19′37.974″	101°15′13.146″	43	042°17′36.147″	101°17′01.439″
8	042°19′20.856″	101°16′08.832″	44	042°17′19.954″	101°12′03.400″
9	042°19′27.924″	101°16′36.774″	45	042°17′10.308″	101°13′41.064″
10	042°19′33.258″	101°16′43.961″	46	042°17′13.278″	101°14′12.786″
11	042°19′15.539″	101°16′57.593″	47	042°17′20.136″	101°14′38.228″
12	042°19′24.587″	101°17′38.922″	48	042°17′20.310″	101°15′23.646″
13	042°19′08.602″	101°13′13.281″	49	042°17′21.406″	101°16′32.748″
14	042°19′04.955″	101°13′36.642″	50	042°17′27.664″	101°16′33.551″
15	042°18′58.411″	101°13′54.338″	51	042°17′24.144″	101°16′56.820″
16	042°19′07.512″	101°14′24.660″	52	042°17′31.440″	101°17′09.823″
17	042°19′01.736″	101°14′54.126″	53	042°17′10.041″	101°16′50.276″
18	042°19′06.474″	101°15′32.032″	54	042°17′00.374″	101°12′33.138″
19	042°18′54.156″	101°15′55.432″	55	042°16′55.472″	101°14′16.553″
20	042°18′57.942″	101°16′25.836″	56	042°16′49.580″	101°14′34.782″
21	042°19′02.202″	101°17′24.972″	57	042°16′54.150″	101°15′36.438″
22	042°19′01.111″	101°17′47.185″	58	042°16′53.063″	101°15′38.487″
23	042°18′46.141″	101°14′19.460″	59	042°16′50.035″	101°16′18.992″
24	042°18′42.372″	101°16′25.752″	60	042°16′52.896″	101°16′47.872″
25	042°18′48.960″	101°17′48.320″	61	042°16′56.460″	101°16′49.236″
26	042°18′21.846″	101°13′09.858″	62	042°16′41.460″	101°13′44.982″
27	042°18′24.030″	101°13′24.288″	63	042°16′35.200″	101°15′02.384″
28	042°18′24.498″	101°14′17.238″	64	042°16′41.681″	101°15′25.315″
29	042°18′32.269″	101°14′19.244″	65	042°16′42.463″	101°16′14.256″
30	042°18′28.998″	101°14′30.480″	66	042°16′33.554″	101°16′11.006″
31	042°18′24.858″	101°15′02.616″	67	042°16′27.931″	101°15′48.061″
32	042°18′21.312″	101°16′28.194″	68	042°16′18.120″	101°12′39.036″
33	042°18′09.313″	101°12′47.227″	69	042°16′29.791″	101°14′05.282″
34	042°18′07.857″	101°13′00.081″	70	042°16′23.054″	101°15′06.816″
35	042°17′48.930″	101°13′41.160″	71	042°16′19.356″	101°15′37.818″
36	042°17′59.653″	101°14′30.480″	72	042°16′17.913″	101°15′53.826″

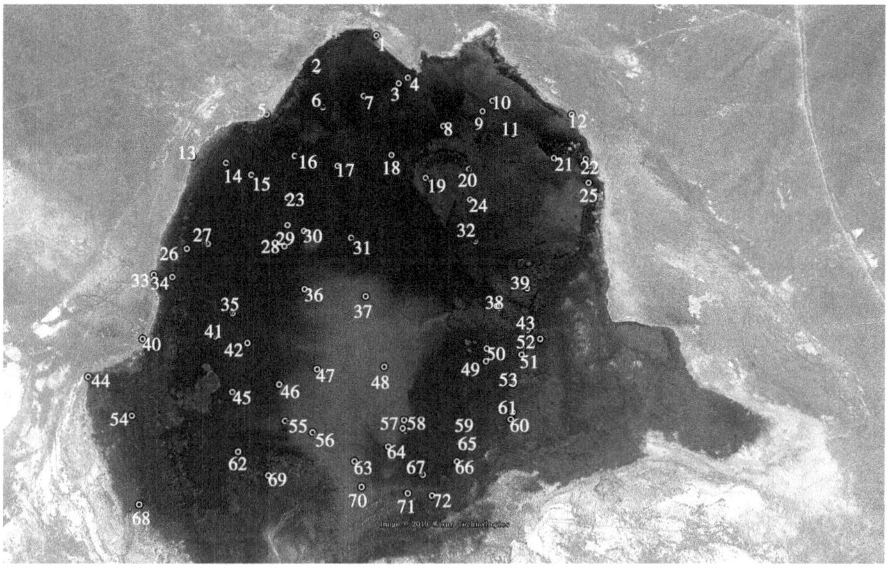

图 3-28　东居延海泥沙取样点分布示意图

3.6.2　泥沙级配特性

对采集到的东居延海淤积样本使用激光粒度分析仪进行颗粒级配分析。各取样点土样 D_{50}(中值粒径)数据见表 3-20,D_{50} 分布、级配曲线见图 3-29、图 3-30。

表 3-20　各组土样中值粒径统计

取样点	D_{50}/mm	取样点	D_{50}/mm	取样点	D_{50}/mm	取样点	D_{50}/mm
1	0.153 8	19	0.006 2	37	0.006 1	55	0.006 9
2	0.004 5	20	0.004 7	38	0.007 7	56	0.008 2
3	0.004 2	21	0.004 6	39	0.006 3	57	0.006 4
4	0.008 1	22	0.050 3	40	0.144 5	58	0.005 6
5	0.132 9	23	0.004 4	41	0.003 8	59	0.005 8
6	0.003 7	24	0.005 2	42	0.004 1	60	0.004 6
7	0.004 7	25	0.044 8	43	0.004 9	61	0.017 3
8	0.004 9	26	0.004 2	44	0.073 0	62	0.005 4
9	0.003 2	27	0.004 1	45	0.004 4	63	0.005 3
10	0.003 9	28	0.097 0	46	0.004 4	64	0.004 3
11	0.004 4	29	0.003 9	47	0.003 9	65	0.004 8
12	0.017 8	30	0.004 2	48	0.005 1	66	0.006 4
13	0.116 6	31	0.008 9	49	0.006 3	67	0.004 1
14	0.003 7	32	0.006 0	50	0.005 9	68	0.012 1
15	0.003 8	33	0.125 5	51	0.004 6	69	0.005 4
16	0.003 8	34	0.003 5	52	0.005 4	70	0.004 1
17	0.008 2	35	0.005 6	53	0.003 6	71	0.011 3
18	0.004 3	36	0.004 0	54	0.086 4	72	0.006 4

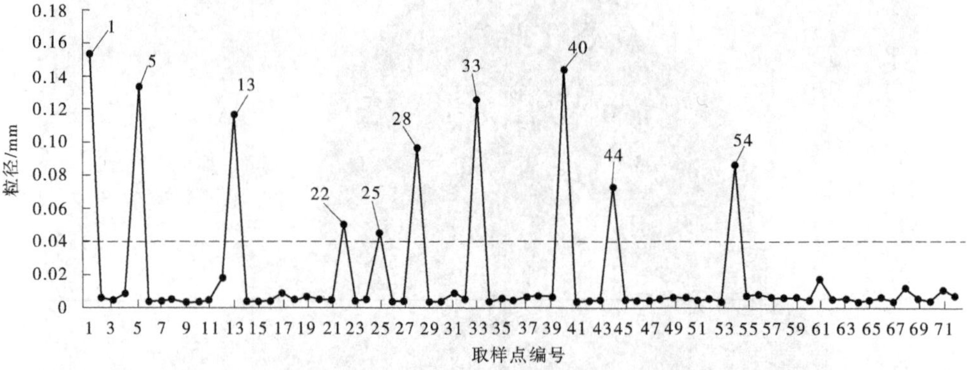

图 3-29　取样泥沙中值粒径分布

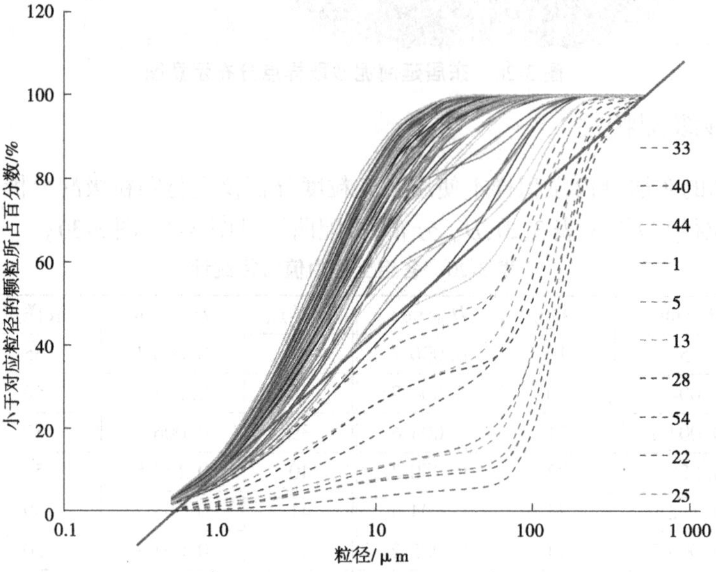

虚线—D_{50} 均在 0.04 mm 线上的 10 组土样的级配曲线；实线—D_{50} 均小于 0.02 mm 的 62 组土样的级配曲线。

图 3-30　各采集土样级配曲线

由表 3-20、图 3-29、图 3-30 可知，各组土样 D_{50} 最大值为 0.153 8 mm，最小值为 0.003 2 mm。其中，编号为 1、5、13、22、25、28、33、40、44、54 的 10 组土样 D_{50} 均在 0.04 mm 以上，其他各组土样 D_{50} 均小于 0.02 mm。从级配曲线也可以看出，上述 10 组土样的级配曲线（见图 3-30 中虚线）相比于其他各组土样更靠近坐标轴右下方，颗粒相对偏粗。为了进一步研究泥沙级配空间分布特征，将 D_{50} 大于 0.04 mm 的 10 组土样取样点标于卫星图上，见图 3-31。

由图 3-31 可知，除取样点 28 外，其余 9 组取样点均位于水域边界处。说明东居延海水域边界处淤积物较粗，水域内部淤积物较细。

图 3-31　中值粒径大于 0.04 mm 取样点分布示意图

对东居延海淤积泥沙分布特征综合分析认为，河床淤积物主要来源于上游水流挟带的泥沙和陆地风沙。对于上游水流挟沙，虽然水流对粗沙的推移能力明显强于风力，但是由于东居延海河床普遍生长有 0.5~1.5 m 高的茂密水草，处于水流下部的粗沙在河床底部水草的阻拦下难以到达水域内部，导致水域内部沉积物以细沙为主。对于风沙，由于风的挟沙能力有限，仅能将粉沙和灰尘吹起，使其沉积到水域内部，而较粗的沙一般在风力作用下以推移形式移动，在水域边界处遇水便直接沉入河床，从而导致东居延海水域边界粗土样粒径明显大于水域内部。

3.6.3　有机质

为了分析东居延海淤积物肥力指标，根据《土壤检测　第 6 部分：土壤有机质的测定》(NY/T 1121.6—2006)，对 A1~A17 各区域共计 17 个淤积物样本有机质含量进行了测定。检测内容包括氮、磷、含碳有机质(Corg)含量。其中，氮含量采用凯氏蒸馏法进行检测；磷含量使用 ZSXPrimus-Ⅱ射线荧光光谱仪进行检测；含碳有机质含量采用重铬酸钾容量法进行检测。检测数据见表 3-21。

表 3-21　东居延海淤积物样本有机质检测数据

编号	N 含量/(mg/kg)	P 含量/(mg/kg)	Corg 含量/%
A1	666	575	0.74
A2	782	580	0.83
A3	622	554	0.67
A4	622	532	0.65
A5	521	574	0.52
A6	579	590	0.55
A7	666	546	0.74
A8	695	541	0.71
A9	507	561	0.53
A10	579	589	0.53
A11	492	555	0.44
A12	434	562	0.39
A13	608	574	0.60
A14	680	566	0.68
A15	304	494	0.42
A16	478	519	0.47
A17	519	449	0.46
均值	573.76	550.65	0.58

东居延海淤积物样本氮含量分布见图 3-32。由图 3-32 可知,水域中心区、环中心区、近岸区淤积物之间重金属氮含量总体波动不大,氮含量最大值为 782 mg/kg,位于环中心区 A2 区域内;最小值为 304 mg/kg,位于近岸区 A15 区域内。各子区域样本氮含量总体平均值为 573.76 mg/kg。

东居延海淤积物样本磷含量分布见图 3-33。由图 3-33 可知,水域中心区、环中心区、近岸区淤积物之间重金属磷含量总体波动不大,磷含量最大值为 590 mg/kg,位于环中心区 A6 区域内;最小值为 449 mg/kg,位于近岸区 A17 区域内。各子区域样本磷含量总体平均值为 550.65 mg/kg。

东居延海淤积物样本含碳有机质含量分布见图 3-34。由图 3-34 知,水域中心区、环中心区淤积物之间含碳有机质含量总体波动不大,近岸区含量相对偏低。含碳有机质含量最大值为 0.83%,位于环中心区 A2 区域内;最小值为 0.39%,位于近岸区 A12 区域内。各子区域样本含碳有机质含量总体平均值为 0.58%。其中,含碳有机质含量达到 5 级土壤标准的淤积物样本数 7 个,占比 41.2%。

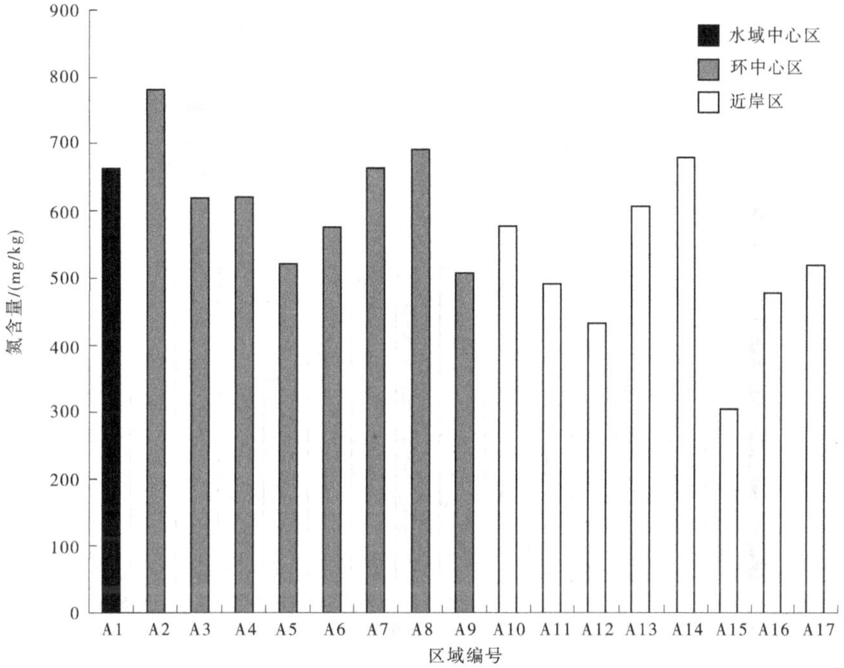

图 3-32　东居延海淤积物样本氮含量分布

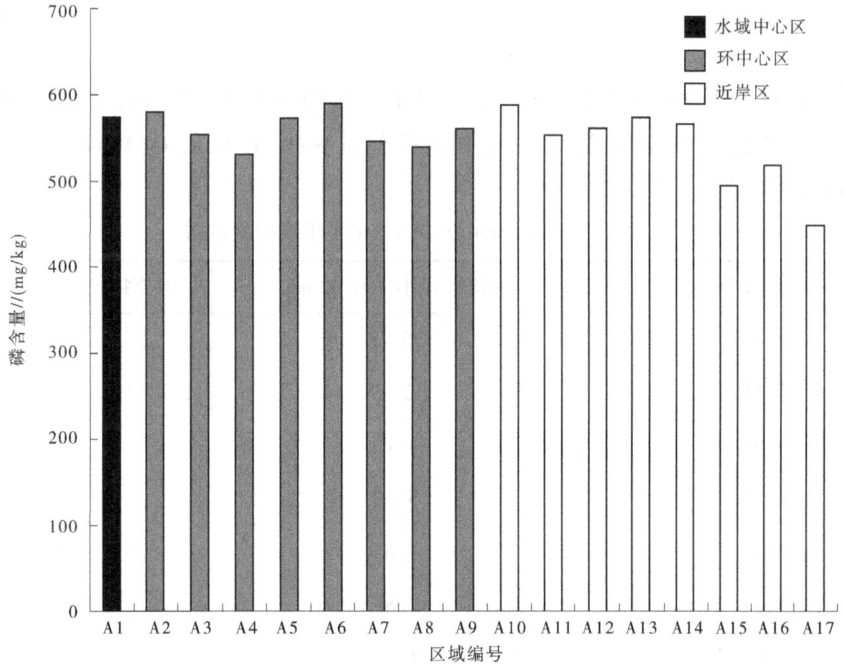

图 3-33　东居延海淤积物样本磷含量分布

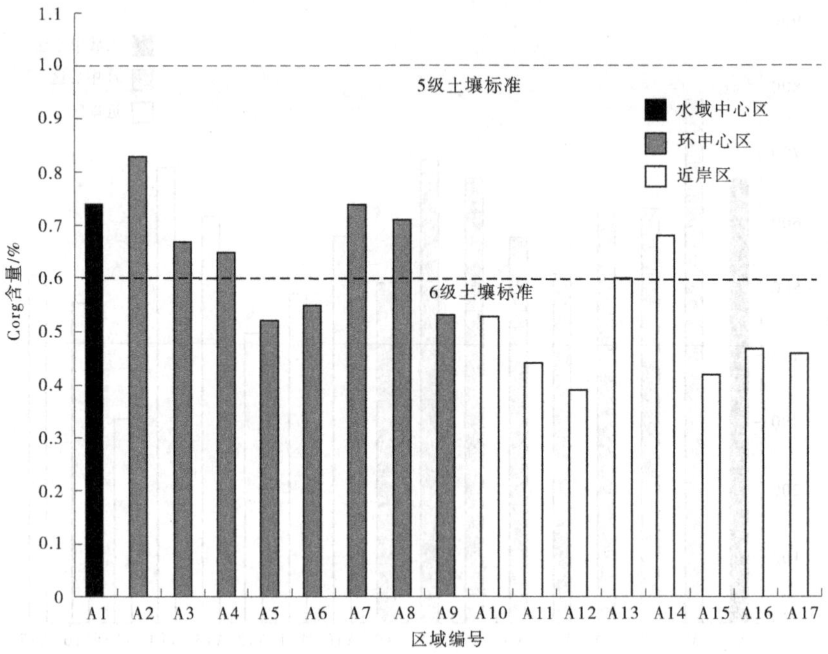

图 3-34 东居延海淤积物样本含碳有机质含量分布

3.6.4 化学组成

为了分析东居延海淤积物化学组成,选取中值粒径小于 0.02 mm、大于 0.04 mm 的两组淤积物样本进行化学组成检测,检测内容包括 SiO_2、K_2O、CaO、MgO、Fe_2O_3、Na_2O、Al_2O_3、TiO_2,检测结果见表 3-22。

表 3-22 东居延海淤积物样本化学组成检测数据 %

化学成分	中值粒径小于 0.02 mm	中值粒径大于 0.04 mm
SiO_2	50.68	55.68
Al_2O_3	12.19	11.78
CaO	8.13	6.84
Fe_2O_3	5.93	5.05
MgO	4.63	4.16
K_2O	2.89	2.72
Na_2O	1.35	1.51
TiO_2	0.6	0.57

由表 3-22 可知,中值粒径小于 0.02 mm、大于 0.04 mm 的两组淤积物样本各化学成分占比相近,均以硅铝质成分为主,占比分别达到了 62.87%和 67.46%。其中,SiO_2 含量最高,分别占淤积物含量的 50.68%和 55.68%。K_2O、CaO、MgO、Fe_2O_3、Na_2O、Al_2O_3 含量均在 1%以上。

3.6.5　酸碱度

为了分析东居延海淤积物酸碱度,选取中值粒径小于 0.02 mm、大于 0.04 mm 的两组淤积物样本进行酸碱度检测,主要检测 pH,检测结果见表 3-23。

表 3-23　东居延海淤积物样本酸碱度检测数据

酸碱度	中值粒径小于 0.02 mm	中值粒径大于 0.04 mm
pH	8.33	8.64

由表 3-23 可知,中值粒径小于 0.02 mm、大于 0.04 mm 的两组淤积物样本 pH 分别为 8.33、8.64,均呈弱碱性。

3.7　水生态问题

根据前述分析,结合东居延海及其周边生态系统情况,当前面临的突出问题主要为湖泊萎缩、水资源生态效益不高和尾闾湿地生态系统脆弱。

3.7.1　东居延海干涸的风险依然存在

3.7.1.1　自身蒸发损耗量大

东居延海的湖盆呈“浅碟状”,存在水深浅、水面面积大、蒸发损失量大、水域存在时间短等问题。根据近年来入湖水量情况分析,当入湖水量为 3 000 万 m^3 左右时,水面面积约为 25 km^2,至翌年的 3~4 月水域消失殆尽。以水面面积变化为例,2002 年 7 月 17 日首次有径流入湖,最大水面面积出现在 7 月 27 日,为 23.66 km^2,最大水深为 0.63 m,最大蓄水量为 0.11 亿 m^3。因为渗漏蒸发严重,水位下降很快,到 8 月 3 日,水面面积为 22.62 km^2,最大水深为 0.53 m,蓄水量还有 0.08 亿 m^3,当年再次干涸。2003 年 8~10 月,使用同样的方式进行了 2 次调水,最大水面面积为 31.5 km^2,累计入湖水量约 0.39 亿 m^3。但是同样由于蒸发的现象较为严重,2004 年 4 月湖水解冻后水面面积为 26 km^2,6 月下旬湖泊再次干涸。

根据黑河水资源统一管理调度入湖径流量监测数据,2005~2018 年年均进入东居延海的水量为 0.55 亿 m^3,其中最小值为 2008 年的 0.11 亿 m^3,最大值为 2016 年的 0.86 亿 m^3。入湖水量大,必然会导致水面面积的增大,从而蒸发损失量增大。

3.7.1.2　湖泊淤积严重

根据 2003 年、2015 年两期东居延海水位-水面面积-库容曲线测算,库底最低点高程由 2003 年的 899.76 m 抬升至 2015 年的 901.20 m,湖区最低点抬升 1.44 m,2003~2015

年12年间东居延海泥沙淤积量达1 000万 m^3。结合中国科学院寒区旱区环境与工程研究所遥感解译、内蒙古自治区阿拉善乌海水文水资源勘测局实测等不同途径、不同方式成果的对比分析,2015年东居延海较2003年发生了较大的变化,即“浅碟状”一方面底部隆升,另一方面“口部”更加平缓,地形坦化。

3.7.1.3 来水条件分析

2005~2018年入湖水量在很大程度上得益于连年丰水的有利条件。在现状湖区结构下,“浅碟状”的湖盆导致了较大的水面蒸发量。未来出现枯水或连续枯水的年份,入湖水量势必会大大减少,东居延海干涸的风险依然存在。

综上,自2000年黑河水量调度以来,恰逢黑河来水处于偏丰时段,东居延海最大水面面积超过40 km^2,多年水面面积维持在30~40 km^2。随着水文周期变化,来水偏枯或连续偏枯概率增大,则维持东居延海不干涸的有利来水条件不复存在,东居延海干涸的风险依然较大。因此,亟须论证东居延海适宜的水面面积,东居延海不干涸不仅是黑河调水成功的标志,也是东居延海湿地生态保护的目标。如何确保东居延海湿地适宜的水面面积和周边湿地生态需求,尽可能减少湖面水量蒸发损失,是亟须解决的问题。

3.7.2 东居延海水资源利用效率较低

额济纳绿洲属于资源型缺水地区。额济纳绿洲分布着大面积的天然次生林,长期以来,由于受黑河水资源的制约,干旱引起的多种病虫害和人为的过度樵采,使这片天然林木呈衰竭之势,沙漠化日趋加速。从遥感影像可以看出,有水流经的河流及河道两岸,植被长势较好;而干涸的河道两边或没有水流经的区域,则为沙漠和戈壁,如东、西居延海之间的古河道由于多年没有过水,古河道两侧植被退化严重。从额济纳绿洲生态演变过程不难看出,水资源是生态环境修复的决定性因素,而黑河是进入该区域的唯一地表水源,地下水的补给绝大部分也来自黑河河道。因此,如何更合理地配置黑河来水量是额济纳绿洲生态良好发展的必要条件。

统筹协调东居延海周边生态需求和东居延海湿地生态保护需求,提高东居延海水资源利用效率,也是当前亟须面对的主要问题。

3.7.3 水生态有恶化的趋势

东居延海矿化度较高,这也是西北内陆湖存在的普遍问题。根据盐量平衡,入湖的淡水随着蒸发而消耗,盐分由于没有水体的交换而堆积于湖泊内,水土矿化度将随着时间的推移而逐渐升高。现状湖区COD大部分时间超标,氨氮、TP、TN个别时段超标,湖区水质总体良好,但也存在湖区有机物污染加大和一定的富营养化趋势。水生态恶化按来源分析可分为内源和外源。

内源即东居延海水体中营养物质过多,芦苇和沉水植物逐渐增多,水生植物的阻隔导致水流不畅,植物腐败落到湖底,水体二次污染,加剧富营养化程度,同时不断加厚的底泥成为污染物潜藏的温床,给湖区水环境和水生态治理带来隐患。外源即由于上游河道来水泥沙裹挟着各种盐分、碱分、矿物质等成分都陆续进入湖区,加剧了湖区水质和水生态变差。

因此，为改善东居延海水质状况，需要通过水生态修复措施，增强东居延海湖水的水动力和水循环能力，通过水体的交换和更替，改善东居延海水体水质。

3.8 小　结

(1)本章通过对东居沿海水生态状况调查，掌握了东居沿海演变历史、水生态现状和水环境现状以及湖底地形变化情况。历史时期居延海演变大致经历了四个阶段：战国至元代的居延泽阶段，元代至明代的居延泽-嘎顺淖尔阶段，明代至 1961 年嘎顺淖尔-苏泊淖尔阶段，1961 年后苏泊淖尔(间歇干涸)阶段。20 世纪 80 年代以来，东居延海经历了多次干涸，而遥感解译的 80 年代中期水域面积约 35 km^2，近 10 年来水域面积已达这一水平。20 世纪 80 年代，东居延海植被主要以灌木和草本为主，南部绕东居延海呈带状连续分布，至分水前退化严重；2000 年分水后，植被面积明显增加，尤以草本最明显，植被由退化转向逐步恢复。

(2)东居延海水体中的细菌分为变形菌门、放线菌门和厚壁菌门三种：其中最主要的为革兰氏阴性的变形菌纲(包括 α、β 和 γ)，其次为放线菌纲类群，再次为芽孢杆菌纲类群。居延海湿地内重现鱼、鸟、蛇、蜥、黄羊、狐狸等动物，其中鱼类、鸟类占比较大，现存鱼类共计 15 种、鸟类 133 种。

(3)东居延海湖水呈碱性，平均矿化度(TDS)约为 7.28 g/L，水化学离子中 Cl^-、SO_4^{2-}、Mg^{2+} 和 Na^+ 质量浓度较高，而 HCO_3^-、Ca^{2+} 和 K^+ 质量浓度较低，离子浓度大小顺序为阴离子：$SO_4^{2-}>Cl^->HCO_3^-$，阳离子：$Mg^{2+}>Na^+>K^+>Ca^{2+}$。周边地下水呈弱碱性，平均矿化度(TDS)约为 7.13 g/L(略低于湖水)，水化学离子中 SO_4^{2-}、Cl^-、Mg^{2+} 和 Na^+ 质量浓度较高，而 HCO_3^-、Ca^{2+} 和 K^+ 质量浓度较低，离子浓度大小顺序阴离子与湖水一致，阳离子中 Mg^{2+} 和 Na^+ 大小顺序与湖水一致，而 $Ca^{2+}>K^+$，与湖水相反。湖泊水化学类型主要为：$Mg^{2+}-Na^+-SO_4^{2-}-Cl^-$ 和 $Mg^{2+}-SO_4^{2-}-Cl^-$，周边地下水水化学类型主要为 $Mg^{2+}-Na^+-SO_4^{2-}-Cl^-$、$Mg^{2+}-Na^+-Cl^-$、$Mg^{2+}-Na^+-Cl^--SO_4^{2-}$、$Na^+-Cl^--SO_4^{2-}$ 和 $Mg^{2+}-Na^+-SO_4^{2-}$。近 30 年来，东居延海矿化度由 20 世纪 80 年代初的 7.4 g/L 增至中期的 34.5 g/L，变成了咸水湖，分水后 2003 年矿化度为 5.11 g/L，目前为 7.3 g/L，与 80 年代初相当，水化学类型变化不大。

(4)根据 2003 年、2015 年两期东居延海测量等相关资料分析，2015 年东居延海较 2003 年发生了较大的变化，“浅碟状”一方面底部隆升，另一方面“口部”更加平缓，地形坦化。2015 年东居延海较 2003 年发生了较大的淤积；在 903.00 m 以上，同水位情况下 2015 年比 2003 年面积增大，因东居延海库区修建环湖公路、旅游景观设施等因素，导致库区四周地形地貌发生了变化，尤其是接近环湖公路的区域平坦化，同灯水量下水面面积增大。

第 4 章　东居延海生态需水量研究

本章在分析黑河下游额济纳绿洲水量现状和计算东居延海地表水、地下水补给的基础上，采用基于湖泊生态价值、不同湖泊面积保证率和湖泊形态学等三种方法确定了维持东居延海湿地生态系统健康的水面面积，计算了维持东居延海基本生态功能所需的生态需水量。

4.1　额济纳绿洲入境水量分析

4.1.1　主要水文断面径流分析

黑河流域干流水文观测资料主要有莺落峡站、正义峡站和狼心山站。由莺落峡站1956～2018 年径流年际变化规律可知，年径流量趋势线的斜率 $k=0.093\ 8>0$，多年平均径流量为 16.59 亿 m^3，说明莺落峡的年径流量总体上呈现增加的趋势，这种现象是由祁连山区夏季降水量增多和冬春季气候变暖导致季节性冰雪融水增多所引起的(刘琴等，2021)。同期在黑河中游出口的正义峡站 1956～2018 年径流年际变化也呈增加趋势，径流量趋势线的斜率 $k=0.017\ 7>0$，多年平均径流量为 10.39 亿 m^3，多年平均区间耗水量为 6.20 亿 m^3。对比 2000 年前后，区间耗水量随着来水偏丰而增加。虽然狼心山站 1988～2018 年年径流量变化趋势线斜率 $k=0.134\ 9>0$，总体呈增加趋势，但是 2000 年以前呈减小趋势，于 2000 年后通过实施流域分水方案才逐渐增加，平均径流量由分水前的 4.49 亿 m^3 增加到 6.27 亿 m^3(见图 4-1)，莺落峡站平均径流量由分水前(1988～1999 年)的16.57 亿 m^3 增加到分水后(2000～2018 年)的 16.59 亿 m^3，变化不大。说明黑河下游来水量的增加与流域分水方案实施密切相关。

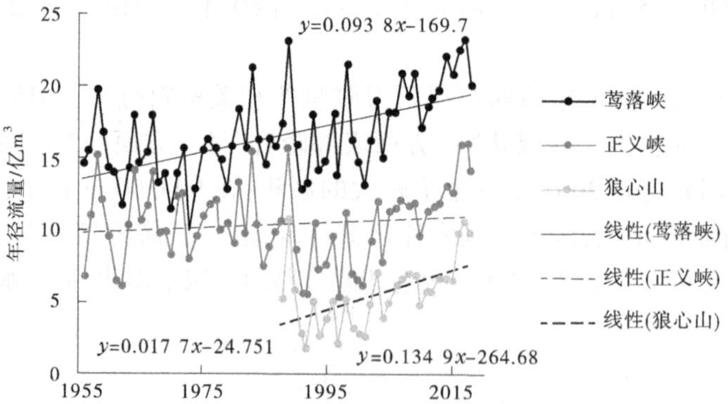

图 4-1　黑河流域主要站点年径流量变化

莺落峡不同来水条件下正义峡断面下泄指标见表 4-1。黑河调度以来莺落峡、正义峡水文断面过流量统计见表 4-2。

表 4-1　莺落峡不同来水条件下正义峡断面下泄指标　单位:亿 m^3

断面	不同保证率径流量				
	10%	25%	75%	90%	多年平均
莺落峡	19.0	17.1	14.2	12.9	15.8
正义峡	13.2	10.9	7.6	6.3	9.5

表 4-2　黑河调度以来莺落峡、正义峡水文断面过流量统计　单位:亿 m^3

调度年	莺落峡来水量	正义峡下泄水量		
		当年下泄指标	实际下泄量	偏差值/%
1999~2000 年	14.62	6.60	6.50	-1.52
2000~2001 年	13.13	5.33	6.48	21.58
2001~2002 年	16.11	9.33	9.23	-1.07
2002~2003 年	19.03	13.24	11.61	-12.31
2003~2004 年	14.98	8.53	8.55	0.23
2004~2005 年	18.08	12.09	10.49	-13.23
2005~2006 年	17.89	11.86	11.45	-3.46
2006~2007 年	20.65	15.20	11.96	-21.32
2007~2008 年	18.87	13.04	11.82	-9.36
2008~2009 年	21.30	15.98	11.98	-25.03
2009~2010 年	17.45	11.32	9.57	-15.46
2010~2011 年	18.06	12.16	11.27	-7.32
2011~2012 年	19.35	13.72	11.13	-18.88
2012~2013 年	19.53	13.83	11.91	-13.88
2013~2014 年	21.90	16.71	13.02	-22.08
2014~2015 年	20.66	15.21	12.78	-15.98
2015~2016 年	22.37	17.28	15.62	-9.61
2016~2017 年	23.40	18.36	15.98	-12.94
2017~2018 年	20.25	14.77	13.95	-5.56

2000~2018 年(调度年)莺落峡断面年均来水量为 19.06 亿 m^3,正义峡断面年均实际下泄水量为 11.60 亿 m^3。进一步根据莺落峡来水的丰枯情况进行分类统计可发现,当莺落峡来水量大于 19 亿 m^3 时,正义峡实际下泄水量较应下泄水量平均偏少 15%;当莺落峡来水量为 17 亿~19 亿 m^3 时,正义峡实际下泄水量较应下泄水量平均偏少 10%;当莺落峡来水量小于 17 亿 m^3 时,正义峡实际下泄水量较应下泄水量平均偏少 1%,可认为正义峡实际下泄水量基本完成应下泄指标。

狼心山站是黑河控制流入下游额济纳绿洲的水文控制站,在下游水利调度中发挥着重要作用,狼心山水文站的资料直接反映额济纳三角洲地表水资源特征。然而由于该站资料系列不完整,哨马营水文站资料系列更短,鉴于鼎新绿洲的水资源利用情况并不复杂,采用正义峡的水文资料也可基本反映额济纳绿洲区地表来水状况。

4.1.2　历年不同时段实测入境水量分析

4.1.2.1　冬四月(11 月 11 日至翌年 3 月)狼心山入境水量

统计常规调度以来调度年狼心山水文站冬四月逐日径流数据(见表 4-3),计算 2004~2017 年历年冬四月来水情况。

表 4-3　常规调度以来冬四月狼心山水文断面过流量统计　　单位:亿 m^3

调度年	东河	东干渠	西河	狼心山
2004	1.59	0	0	1.59
2005	1.02	0.02	0	1.04
2006	1.48	0	0.36	1.84
2007	1.57	0	0.27	1.84
2008	1.43	0.02	1.18	2.63
2009	1.79	0.04	0.60	2.43
2010	1.86	0	0.35	2.21
2011	1.36	0.05	0.72	2.13
2012	1.45	0	0.65	2.10
2013	1.67	0	0.80	2.47
2014	1.46	0	0.66	2.12
2015	1.74	0	0.66	2.40
2016	2.33	0	0.77	3.10
2017	1.31	0	0.67	1.98
平均	1.58	0.01	0.55	2.14
变异系数	0.19	1.78	0.56	0.22

从表 4-3 可以看出,常规调度以来冬四月狼心山入境水量变异系数为 0.22,来水相对

比较稳定,这段时期的来水量受人为干预影响较小,基本为天然来水过程。这段时期的来水量在 1.04 亿~3.10 亿 m^3,其中最大来水量为 2016 年,最小来水量为 2005 年,平均来水量为 2.14 亿 m^3。

狼心山入境水量中绝大部分水量都是通过东河往下游输送的,且东河历年都过流,平均过水量占狼心山平均入境水量的 73.8%;西河在 2004 年及 2005 年未过流,2004~2017 年平均过水量占狼心山平均入境水量的 26.1%;相对于东、西河,东干渠过水量很小,只有在 2005 年、2008 年、2009 年和 2011 年出现过水流,这主要受上年下游入境水量大小及额济纳绿洲缺水情况的影响。这段时期由于前期灌溉的渠系、田间渗漏补给及河床渗漏补给,历年下游来水基本保持稳定,没有特别明显的丰、平、枯水期。因此,在考虑下游额济纳绿洲水资源配置调度时可优先考虑这段时期的入境水量。

4.1.2.2　9 月至 11 月 10 日狼心山入境水量

统计 2004~2018 年历年 9 月至 11 月 10 日狼心山入境水量,结果见表 4-4。

表 4-4　常规调度以来 9 月至 11 月 10 日狼心山水文断面过流量统计　单位:亿 m^3

调度年	东河	东干渠	西河	狼心山
2004	1.30	0	0	1.30
2005	1.47	0.06	0.76	2.29
2006	0.90	0	1.36	2.26
2007	1.26	0.21	1.49	2.96
2008	1.71	0	1.04	2.75
2009	3.67	0.08	0.44	4.19
2010	1.54	0.02	0.16	1.72
2011	1.74	0.07	0.66	2.47
2012	1.64	0.16	0.54	2.34
2013	2.19	0	0.06	2.25
2014	2.47	0.13	0	2.60
2015	0.36	0.24	1.38	1.98
2016	2.31	0.13	1.31	3.75
2017	2.43	0.21	1.20	3.84
2018	1.63	0.19	1.85	3.67
平均	1.77	0.10	0.82	2.69
变异系数	0.42	0.84	0.72	0.30

由表 4-4 可以看出,2009 年狼心山入境水量比其他年份都大,其主要原因是 2009 年莺落峡这段时期来水量大而集中。莺落峡站除 2009 年外,其他年份 9 月至 11 月 10 日来

水量占全年来水量的21%~29%，而2009年来水比例高达34%。本段时期来水量相对稳定，平均来水量为2.69亿m^3，最大来水量为2009年的4.19亿m^3，最小来水量为2004年的1.30亿m^3。本段时期内东河都有过流，平均过流量占狼心山平均入境水量的65.8%，西河在2004年和2014年未有水流通过，西河平均过水量占狼心山平均入境水量的30.5%。年内对狼心山入境水量进行配置时可重点考虑对这部分水量进行调度。

4.1.2.3 7、8月狼心山入境水量

分别统计2004~2018年7月、8月狼心山入境水量，见表4-5和表4-6。由表4-5和表4-6可以得出，7月、8月狼心山入境水量变异系数都比较大，该段时间狼心山入境水量很不稳定，年际之间存在较大的变化。例如，7月的2004年、2008年、2012年狼心山未过流，而2013年、2015年和2018年入境水量达到了1.27亿m^3、1.31亿m^3和1.71亿m^3。存在以上现象的主要原因有：一是该段时期内正值黑河汛期，有些年份可能会有大的洪水出现，来水比较集中，此时可以有部分水量进入狼心山，而有些年份来水比较稳定，没有出现明显的洪水过程，上游来水都消耗于狼心山以上；二是7月、8月也是中游的灌溉高峰期，这段时期中游用水量大，并且前期河床干涸，很难有水量到达狼心山。

表4-5 常规调度以来7月狼心山水文断面过流量统计 单位：亿m^3

年份	东河	东干渠	西河	狼心山
2004	0	0	0	0
2005	0.43	0.01	0	0.44
2006	0.55	0.19	0.24	0.98
2007	0.69	0.12	0.25	1.06
2008	0	0	0	0
2009	0.03	0	0	0.03
2010	0.51	0	0.03	0.54
2011	0.05	0	0	0.05
2012	0	0	0	0
2013	0.63	0	0.64	1.27
2014	0.75	0.01	0.10	0.86
2015	1.09	0	0.22	1.31
2016	0.47	0.02	0.04	0.53
2017	0.81	0.06	0.12	0.99
2018	0.94	0	0.77	1.71
平均	0.46	0.03	0.16	0.65
变异系数	0.77	1.98	1.45	0.84

表 4-6　常规调度以来 8 月狼心山水文断面过流量统计　单位：亿 m^3

年份	东河	东干渠	西河	狼心山
2004	0.54	0	0	0.54
2005	0.37	0.03	0.58	0.98
2006	0.39	0.01	0.21	0.61
2007	0.01	0	0.09	0.10
2008	1.03	0.03	0.10	1.16
2009	0.06	0	0	0.06
2010	0	0	0	0
2011	0.75	0	0	0.75
2012	0.64	0	0.03	0.67
2013	0	0	0.13	0.13
2014	0.03	0.07	0.49	0.59
2015	0	0	0	0
2016	0.81	0.08	1.03	1.92
2017	0.74	0.02	0.45	1.21
2018	0.66	0	0.25	0.91
平均	0.40	0.02	0.22	0.64
变异系数	0.87	1.59	1.28	0.82

4.1.2.4　4~6 月狼心山入境水量

表 4-7 为 2004~2018 年历年 4~6 月狼心山入境水量，反映了该时段入境水量情况，以及东河、东干渠、西河历年过流情况。

表 4-7　常规调度以来 4~6 月狼心山水文断面过流量统计　单位：亿 m^3

年份	东河	东干渠	西河	狼心山
2004	0.12	0	0	0.12
2005	0.01	0	0	0.01
2006	0.22	0	0	0.22
2007	0.26	0.01	0.18	0.45
2008	0.06	0.01	0.44	0.51
2009	0.14	0	0	0.14
2010	0.20	0	0.07	0.27

续表 4-7

年份	东河	东干渠	西河	狼心山
2011	0.29	0.06	0.02	0.37
2012	0.46	0.06	0.02	0.54
2013	0.49	0	0.04	0.53
2014	0.37	0	0	0.37
2015	0.49	0.06	0.31	0.86
2016	0.71	0.02	0.10	0.83
2017	0.97	0.01	0.28	1.26
2018	0.43	0.12	0.51	1.06
平均	0.35	0.02	0.13	0.50
变异系数	0.71	1.49	1.27	0.69

从表 4-7 可知，4~6 月狼心山入境水量变异系数较大，但与 7 月、8 月比较相对稳定，历年都有一定水量进入狼心山。该时段历年来水量存在较大变化，来水量在 0.02 亿~1.25 亿 m^3 变化，平均来水量为 0.50 亿 m^3。另外，狼心山入境水量绝大部分都是从东河往下游输水的，平均占总来水量的 70%，而东干渠和西河分别占 4% 和 26%；4~6 月东河都有一定水量进入，而东干渠和西河在某些年份没有水量进入。

常规调度以来，每年 4 月初黑河实施春季水量调度，闭口 10~46 d 不等，特别是从 2010 年开始，春季水量调度闭口期延长到 5 月上中旬才结束，闭口达到了 40 d 左右，延长闭口天数能在一定程度上增加狼心山入境水量，表 4-7 也符合闭口天数增加下泄水量增大的规律。因此，在进行额济纳绿洲水资源配置时，应抓住春季水量调度时机，择机向绿洲输水。

4.1.3 关键调度期狼心山入境水量分析

黑河自 2004 年进入常规调度以来，关键调度期闭口情况及狼心山入境水量统计见表 4-8。

表 4-8 关键调度期闭口情况及狼心山入境水量统计

年份	闭口时间(月-日)	闭口天数/d	入境水量/亿 m^3	闭口时间(月-日)	闭口天数/d	入境水量/亿 m^3
2004	07-11~20	9	0	08-08~23	15	0.54
2005	07-07~21	14	0.45	08-09~24	15	0.98
2006	07-12~26	14	0.99	08-14~22	8	0.60
2007	07-06~22	16	1.06	08-08~20	12	0.12
2008	未闭口	0	0	08-06~16	10	0.71

续表 4-8

年份	闭口时间(月-日)	闭口天数/d	入境水量/亿 m^3	闭口时间(月-日)	闭口天数/d	入境水量/亿 m^3
2009	07-10~18	8	0.03	08-07~15	8	0
2010	07-08~17	9	0.54	08-09~15	6	0
2011	07-05~15	10	0.05	08-25~10-25	61	2.60
2012	07-08~15	7	0	08-26~10-25	60	2.33
2013	07-09~16	7	1.28	08-31~10-25	55	2.24
2014	07-07~16	9	0.85	08-06~13	7	0.60
2015	07-05~16	11	1.31	09-02~10-26	54	1.97
2016	07-10~15	5	0.28	08-09~14	5	0
2017	07-05~12	7	0.24	08-04~12	7	0.49
2018	07-05~12	7	1.03	08-04~10	6	0.18

7 月水量调度闭口期平均在 10 d 左右,仅有 2008 年未闭口,具体闭口天数根据中游用水状况及前期来水情况而定。7 月正值中游灌溉高峰期,如果前期来水偏枯,中游用水紧张,则闭口天数相对减少,反之则增加。从 7 月的闭口情况来看,闭口期狼心山入境水量年际变化很大,其中 2004 年、2012 年闭口期没有水量进入狼心山,而 2013 年 7 d 的闭口时间内狼心山入境 1.28 亿 m^3 的水量,2015 年 11 d 闭口时间内狼心山入境 1.31 亿 m^3 的水量,造成上述差异的主要原因是 2013 年、2015 年 7 月闭口期内莺落峡站来了一次明显的洪水过程,而 2004 年、2012 年闭口期内来水稳定,没有明显的洪水出现。值得注意的是,2008 年 7 月未闭口,但在 7 月底莺落峡站出现了一次明显的洪水过程,狼心山 8 月初就有水量进入。

8 月常规闭口期的情况与 7 月基本相似,受上游来水过程影响和中游用水限制,狼心山入境水量变化很大,很难预知其入境水量。2011~2013 年实施了 8~10 月的连续闭口模式,这三年当中从闭口开始至闭口结束狼心山始终有水量进入,并且在闭口的时间段内来水量比较稳定,平均入境水量 2.39 亿 m^3。

总之,7 月闭口期和 8 月常规闭口期内来水过程年际变化很大,很难掌握其来水规律,在进行这一时期的额济纳绿洲水资源配置时,应尽量抓住上游洪水过程,择机进行水量调度。8~10 月连续闭口模式时狼心山来水比较稳定,进行额济纳绿洲水资源配置时,可抓住这一时段来水实时向下游输送水量。

4.1.4　下游河道水量损失分析

4.1.4.1　7 月闭口期水量损失分析

对 7 月闭口期间的水量损失进行统计分析(见表 4-9)可知,正义峡—哨马营段损失率与正义峡来水量关系密切,当正义峡来水量小于或接近 0.55 亿 m^3 时,损失率在 70%

以上;当正义峡来水量大于 0.55 亿 m^3 小于 1.2 亿 m^3 时,除 2016 年外,损失率在 37%~51%;当正义峡来水量大于 1.4 亿 m^3 时,损失率不超过 30%;当哨马营—狼心山段来水量小于 0.1 亿 m^3 时,损失率为 100%;当来水量小于 0.2 亿 m^3 时,损失率超过 60%,而来水量大于 0.2 亿 m^3 时,除 2007 年外,损失率均低于 32%;狼心山—东居延海段受东居延海指标的要求,只有部分水量输送至东居延海,水量损失率在 64%以上,平均为 82.2%,因此在水量调度时东居延海的进水量按狼心山来水的 18%计算。

通过闭口时间和损失率判断,当闭口时间较长、来水过程有利时,损失率相对较小。闭口时间达到 14 d 左右,正常来水过程下,损失率基本在 20%左右;但闭口时间较短(<10 d),损失率一般超过 40%。

表 4-9　7 月闭口期内下游水文站过水量及损失率

年份	过水量/亿 m^3				损失率/%		
	正义峡	哨马营	狼心山	东居延海	正义峡—哨马营	哨马营—狼心山	狼心山—东居延海
2004	0.3	0.09			70	100	
2005	1.12	0.66	0.45	0.11	41.07	31.82	75.56
2006	1.68	1.29	0.98	0.23	23.21	24.03	76.53
2007	1.67	1.28	0.69	0.19	23.35	46.09	72.46
2009	0.49	0.12	0.03		75.51	75	100
2010	0.94	0.59	0.54	0.1	37.23	8.47	81.48
2011	0.53	0.14	0.05		73.58	64.29	100
2012	0.46	0.08			82.61	100	
2013	1.62	1.16	0.99	0.09	28.4	14.66	90.91
2014	1.4	1.03	0.85	0.2	26.43	17.48	76.47
2015	1.82	1.36	1.31	0.29	25.27	3.68	77.86
2016	0.93	0.33	0.28	0.1	64.52	15.15	64.29
2017	0.57	0.28	0.24		50.88	14.29	100
2018	1.47	1.18	1.03		19.73	12.71	100
平均	1.07	0.69	0.53	0.09	36.08	22.41	82.2

4.1.4.2　8 月闭口期水量损失分析

8 月闭口期内下游水文站过水量及损失率见表 4-10,正义峡—哨马营段的平均损失率为 36.08%，当正义峡来水量小于 0.5 亿 m^3 时，除 2018 年外，平均损失率近 80%，当来水量大于 0.5 亿 m^3 小于 2 亿 m^3 时，损失率均低于 40%，平均为 30%；哨马营—狼心山段的平均损失率为 18.18%，当哨马营来水量小于 0.4 亿 m^3 时，损失率均超过 40%，哨马营—狼心山段的平均损失率为 18.18%，当来水量大于 0.4 亿 m^3 且未超过 1.2 亿 m^3 时，损失率均不超过 27%，平均为 12.39%；狼心山—东居延海的平均损失率为 85.19%。

表 4-10　8 月闭口期内下游水文站过水量及损失率

年份	过水量/亿 m^3				损失率/%		
	正义峡	哨马营	狼心山	东居延海	正义峡—哨马营	哨马营—狼心山	狼心山—东居延海
2004	1.14	0.73	0.54	0.15	35.96	26.03	
2005	1.64	1.16	0.98	0.05	29.27	15.52	94.9
2006	0.86	0.55	0.52	0.1	36.05	5.45	80.77
2007	0.49	0.14	0.08		71.43	42.86	
2008	0.96	0.71	0.67	0.06	26.04	5.63	91.04
2009	0.33	0.04			87.88		
2010	0.16						
2014	1.02	0.63	0.6	0.29	38.24	4.76	
2016	0.25	0.12			52		
2017	0.71	0.59	0.49		16.9	16.95	
2018	0.39	0.31	0.18		20.51	41.94	
平均	0.72	0.45	0.37	0.06	37.74	18.18	85.19

选取 2004 年常规调度以来数据，采用回归分析法建立莺落峡—正义峡段河道损失率与闭口天数和莺落峡来水量的关系（见图 4-2）。由图 4-2 可见，莺落峡—正义峡段河道损失率与闭口天数呈显著的指数关系（$R^2=0.70$），两者的关系较莺落峡—正义峡段河道损失率与莺落峡来水量关系（$R^2=0.77$）差。同样，正义峡—哨马营段河道损失率与正义峡来水量亦呈显著的指数关系[见图 4-3(a)，$R^2=0.91$]，且这一关系比莺落峡—正义峡段更为显著。哨马营—狼心山段河道损失率与哨马营来水量之间呈幂函数关系[见图 4-3(b)，$R^2=0.78$]。总的来看，各河段的损失率随着上游河段来水量的增加而逐渐降低。

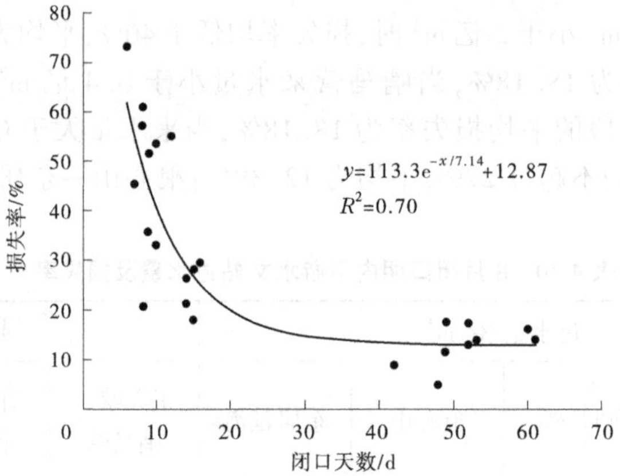

(a)莺落峡—正义峡段

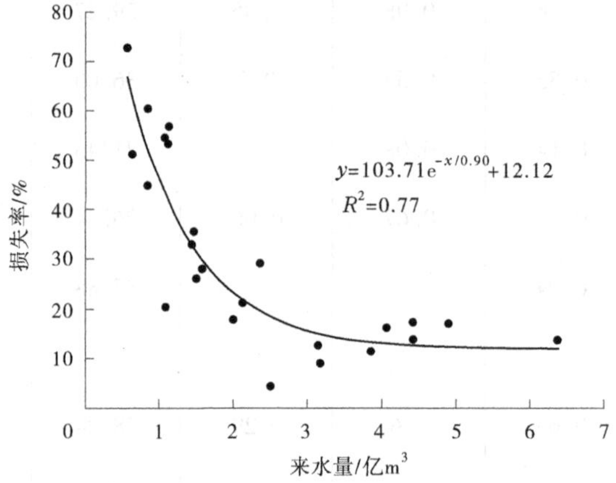

(b)莺落峡

图 4-2　莺落峡—正义峡段水量损失率与闭口天数和莺落峡来水量的关系

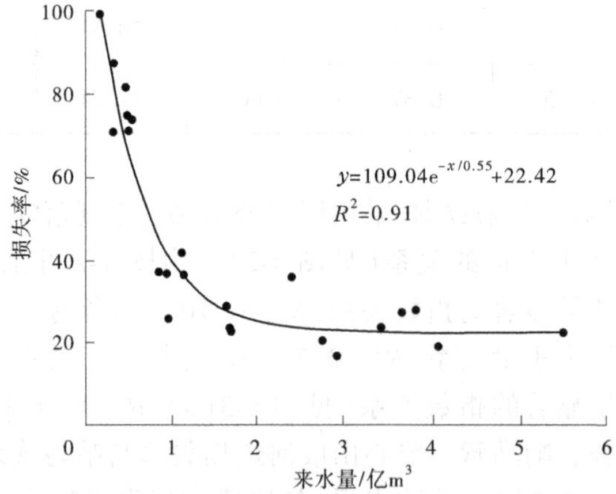

(a)正义峡—哨马营段

图 4-3　正义峡—哨马营段和哨马营—狼心山段水量损失率与来水量的关系

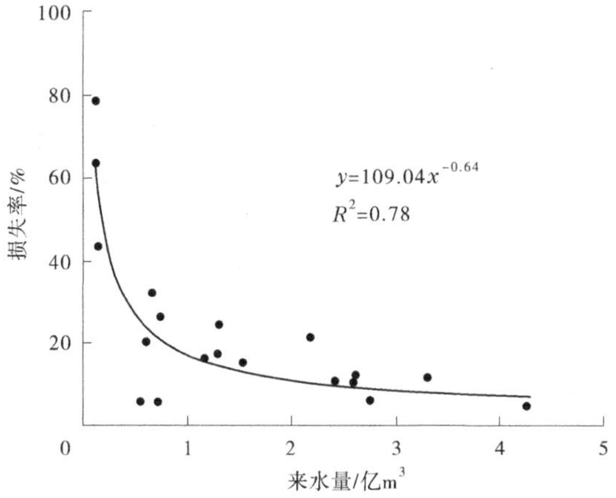

(b)哨马营—狼心山段

续图 4-3

据此,统计得到不同过流情况下莺落峡—正义峡段、正义峡—哨马营段和哨马营—狼心山段的河道损失率,统计结果见表 4-11。

表 4-11　不同过流情况下黑河干流各河段水量损失率　%

莺落峡过流量/亿 m^3	莺落峡—正义峡	正义峡过流量/亿 m^3	正义峡—哨马营	哨马营过流量/亿 m^3	哨马营—狼心山
<0.5	100	<0.2	100	<0.1	100
0.5~1.0	60	0.2~0.5	80	0.1~0.5	60
1.0~2.0	30	0.5~1.5	40	0.5~1.0	30
2.0~3.0	20	1.5~2.0	25	1.0~2.0	20
>3.0	15	>2.0	20	>2.0	10

综合以上分析,当狼心山断面来水量少于 0.3 亿 m^3 时,水头有很大概率到达不了东居延海,在开展额济纳三角洲水量配置时应注意这一特征。

4.2　入湖水量分析

东居沿海自 2005 年以来实现了连年不干涸,根据 2005~2018 年东居延海逐年进水量和进水时间,统计得到东居延海逐年 7~10 月的各月入湖水量和年入湖水量,并进一步计算得到逐年 7~10 月各月入湖水量占年入湖水量的比例(见表 4-12)。由表 4-12 看出,2005~2018 年多年平均入湖水量 0.55 亿 m^3,东居延海 7~10 月合计入湖水量占年入湖水量的 97.28%。

表 4-12　7~10 月各月入湖水量情况

年份	7 月		8 月		9 月		10 月		年入湖水量/亿 m^3	7~10 月入湖水量占年入湖水量的比例/%
	入湖水量/亿 m^3	比例/%	入湖水量/亿 m^3	比例/%	入湖水量/亿 m^3	比例/%	入湖水量/亿 m^3	比例/%		
2005	0.11	31.79	0.05	13.67	0.12	35.25	0.07	19.29	0.35	100
2006	0.22	34.52	0.11	17.81	0.04	6.28	0.26	41.39	0.64	100
2007	0.19	32.83	0	0	0.23	39.26	0.16	27.91	0.58	100
2008	0	0	0.09	83.81	0	0	0.02	16.19	0.11	100
2009	0	0	0	0	0.34	67.76	0.16	32.24	0.50	100
2010	0.10	20.48	0	0	0.20	41.95	0.18	37.57	0.48	100
2011	0	0	0.18	21.15	0.42	50.23	0.20	23.89	0.83	95.27
2012	0	0	0.17	26.75	0.28	44.26	0.18	28.99	0.63	100
2013	0.09	18.65	0	0	0.18	38.07	0.20	43.28	0.47	100
2014	0.21	26.95	0	0	0.33	43.21	0.22	29.17	0.77	99.33
2015	0.29	65.95	0	0	0	0	0.15	34.05	0.45	100
2016	0.10	11.99	0.18	20.56	0.44	50.17	0.10	11.07	0.86	94.32
2017	0	0	0	0	0.42	61.67	0.08	11.88	0.68	73.55
2018	0	0	0	0	0.18	55.52	0.15	44.48	0.33	100
多年平均	0.09	17.37	0.06	13.13	0.23	38.12	0.15	28.67	0.55	97.28

由前述分析可知,各时段进入东居延海的水量存在很大差别,其中 9~10 月进入东居延海的水量占全年进入水量的绝大部分。下面重点分析 9~10 月狼心山东河和东干渠来水量与东居延海进水量之间的关系。统计 2004~2018 年狼心山东河、东干渠及东居延海水量情况见表 4-13。

表 4-13　狼心山东河、东干渠来水量与东居延海进水量统计　单位:亿 m^3

年份	狼心山东河	东干渠	合计	东居延海	比例/%
2004	1.30	0	1.30	0.37	28
2005	1.47	0.06	1.53	0.2	13
2006	0.90	0	0.90	0.3	33
2007	1.26	0.21	1.47	0.38	26
2008	1.71	0	1.71	0.37	22
2009	3.67	0.08	3.75	0.51	14
2010	1.54	0.01	1.55	0.33	21
2011	1.74	0.07	1.81	0.83	46
2012	1.64	0.16	1.80	0.62	34
2013	2.19	0	2.19	0.58	26
2014	2.47	0.13	2.60	0.56	22
2015	0.36	0.24	0.60	0.17	28
2016	2.22	0.13	2.35	0.53	23
2017	2.37	0.21	2.58	0.50	19
2018	1.59	0.19	1.78	0.33	18
平均	1.76	0.10	1.86	0.44	25

从表 4-13 可以看出,常规调度以来 9~10 月进入东居延海的水量年际存在较大的变化,平均为 0.44 亿 m^3,2011 年进水量最大为 0.83 亿 m^3,2015 年进水最少为 0.17 亿 m^3。9~10 月,进入东居延海的水量占狼心山东河与东干渠来水量之和的比例在 13%~46%范围变化,狼心山东河和东干渠同样的来水量在不同的年份到达东居延海的水量存在差距,这与前期河床含水量及区间用水有关,不管是何种原因,狼心山东河与东干渠的来水量有很少一部分进入东居延海,平均为 25%,在 2006 年狼心山东河与东干渠来水量较少时,东居延海进水量也达到了 33%,这意味着如果在狼心山东河与东干渠来水量较少时,为了保障东居延海的进水量,输送损失不低于 65%,因此在水量调度期间,计划往东居延海输水时应考虑区间耗水量和输送损失,才能保证水头到达东居延海。

4.3　湖泊需水量计算方法

湖泊需水量可基于水量平衡原理进行计算,需水量等于湖泊损耗的水量。东居延海属于尾闾湖,根据水量平衡原理,湖泊主要损耗水量为湖泊蒸发量和湖泊渗漏量,湖泊补充的水量除地表径流和地下水补给量外以及降水量,故东居延海生态需水量应保证补充湖泊水面蒸散的耗水量和湖泊渗漏需水量。因此,东居延海维持一定水面面积的生态需水量等于水面蒸发耗水量、湖泊渗漏量与降水补给量之差,计算公式如下:

$$V = E + Q - P \tag{4-1}$$

式中:V 为湖泊生态需水量,m^3;E 为湖泊水面蒸发耗水量,m^3;Q 为湖泊渗漏需水量,m^3;P 为湖泊降水补给量,m^3。

4.3.1　蒸发耗水量计算方法

蒸发耗水量为水面面积与蒸发强度的乘积,表达式如下:

$$E = E_a A \tag{4-2}$$

式中:E_a 为单位面积水面蒸发量,mm /d; A 为湖泊水面面积;其余符号意义同前。

本研究中东居延海是浅水湖泊,呈“浅碟状”,湖底面积可近似地等于湖面面积。水面蒸发量参考中国科学院地理科学与资源研究所于静洁等研究成果,见表 4-14 和图 4-4。此处东居延海水面年蒸发量取多年平均值 1 527.5 mm。

表 4-14　东居延海水面蒸散发年代际特征

年代	平均水面蒸发量/mm	距平百分比/%	最大年		最小年		最大年与最小年差值/mm	最大年与最小年比值
			数值/mm	年份	数值/mm	年份		
1960s	1 528.7	1.4	1 561.8	1961	1 475.5	1967	86.3	1.06
1970s	1 550	15.1	1 601.1	1973	1 525.7	1976	75.4	1.05
1980s	1 500.3	-17.5	1 534.4	1989	1 468.3	1983	66.1	1.05
1990s	1 491.4	-23.6	1 539.4	1998	1 456.2	1993	83.2	1.06
2000s	1 557.3	19.7	1 583.2	2010	1 474	2003	109.2	1.07
2010s	1 537.3	3.5	1 545.6	2011	1 530.9	2015	14.7	1.01

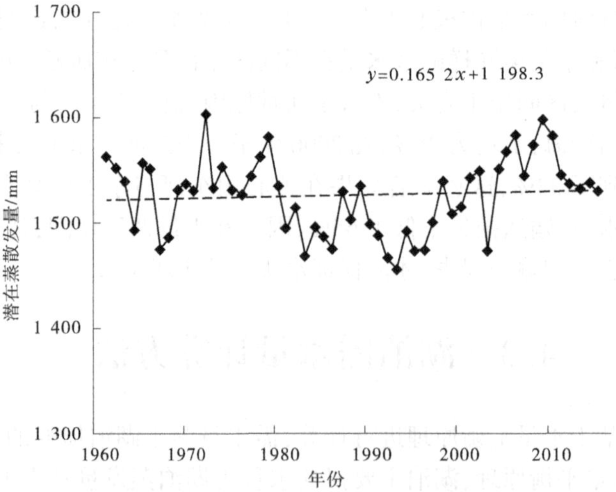

图 4-4　1961~2015 年东居延海水面蒸发的年际变化

4.3.2　渗漏耗水量计算方法

湖泊渗漏需水量为湖泊的渗漏系数与湖泊面积乘积,其表达式为

$$Q = kA \tag{4-3}$$

式中:k 为隔水岩层(亚黏土层)渗漏系数,经验值为 0.01 mm/d;其余符号意义同前。

4.3.3　降水补给量计算方法

湖泊降水补给量为单位面积降水量与湖泊面积乘积,利用额济纳旗气象站观测的降水量计算出年均降水量,其表达式为

$$P = pA \tag{4-4}$$

式中:p 为单位面积降水量,mm;其余符号意义同前。

4.4　基于湖泊生态价值的生态需水量计算

4.4.1　适宜水面面积计算

生态系统对人类的直接或间接贡献是生态系统的价值所在。本研究结合东居延海生态系统特征及所在区域经济社会特征,将东居延海湿地生态系统服务功能分为水分调蓄功能、气候调节功能、生物多样性维持功能及科学考察、休闲旅游功能等,其生态价值的计算可分为供给服务价值、调节服务价值和文化服务价值。供给服务价值采用市场价值法估算供给服务价值。调节服务价值包括水源涵养服务价值、气候调节价值、固碳价值和固沙价值,水源涵养服务价值和气候调节价值采用替代成本法估算,固碳价值采用造林成本法估算,固沙价值采用同面积沙漠扬沙替代法估算。科考旅游价值采用区域旅行费用法估算。

4.4.1.1　水产资源价值

自调水以来,东居延海引来了天鹅、灰雁、黄鸭等水禽,黑河特有的大头鱼也已经在东居延海繁衍,其中大头鱼已经上市。水产品的价值为

$$L_{水产} = SW_{水产} \tag{4-5}$$

式中: $L_{水产}$为一定水面面积下东居延海水产品价值,元/a;S 为水产面积,km^2; $W_{水产}$为单位水产品的价值量,元/km^2。

4.4.1.2　水草资源价值

东居延海水域范围内露出水面的植物主要为芦苇,水下植物为藻类植物。目前,东居延海的水草资源价值主要由芦苇与藻类两部分组成。其水草资源价值量计算公式如下:

$$L_{水草} = S_{水草} W_{水草} C_{水草} \tag{4-6}$$

式中: $L_{水草}$为东居延海水草资源价值量,元/a; $S_{水草}$为水草资源面积,km^2; $W_{水草}$为水草资源单位面积产量,t/km^2; $C_{水草}$为水草资源单位面积纯收入价格,元/t。

4.4.1.3　科考旅游价值

东居延海科考旅游价值计算公式如下:

$$L_{旅}=I_{旅}B_{旅} \tag{4-7}$$

式中：$L_{旅}$为科考旅游价值费用，元/a；$I_{旅}$为东居延海水面面积，km^2；$B_{旅}$为单位水域科考旅游的价值，元/a。

东居延海水域单位湿地面积科考旅游的价值以21万元/a来计算，东居延海科考旅游价值为739.2万元/a。

4.4.1.4　调蓄价值

东居延海水域是一个巨大的蓄水库，从湿地水域到地下蓄水层可成为地下水系统的一部分。东居延海水域蓄水和供水价值计算公式如下：

$$L_{蓄供}=V_{蓄供}K_{蓄供} \tag{4-8}$$

式中：$L_{蓄供}$为蓄水与供水价值量，元/a；$V_{蓄供}$为东居延海蓄水量，m^3；$K_{蓄供}$为用水的单位价值量，元/m^3。

4.4.1.5　生物多样性价值

生态系统的营养循环功能依赖于其结构的完整性。水域生态系统的生物多样性除可以有效地保证生态系统的稳定，发挥生态价值外，也是生态系统中物种的重要基因库，能增加种群的遗传多样性，还能创造出一个植物区系和动物区系可以协调共存的生境，提高水域生态系统的价值。

东居延海水域生态系统生物多样性价值计算公式如下：

$$L_{多样性}=W_{多样性}C_{多样性} \tag{4-9}$$

式中：$L_{多样性}$为东居延海生物多样性价值，元/a；$W_{多样性}$为东居延海水域单位面积的生态价值，元/km^2；$C_{多样性}$为水面面积，hm^2。

本书采用谢高地等(2008)的研究成果，湿地生态系统维持生物多样性的单位面积生态服务价值为1 657.18元/(hm^2·年)。

东居延海水域具有调节区域气候的功能，东居延海湿地周围地区一般来说比其他离东居延海较远的地区气候相对温和湿润。东居延海水域盛产芦苇等喜水植物，这些植物的存在有着固定CO_2等生态价值。此外，东居延海湿地晨雾还可以去除大气中的扬尘和颗粒物等物质，净化空气，提高环境空气质量。

4.4.1.6　固碳生态价值

根据植物光合作用原理可知，植物每生产162 g干物质可吸收264 g CO_2，东居延海水域现状水草产量为2 640 t，按平均干湿比1∶20来计算，得出每年的植物干重为132 t，因此可得出东居延海水域每年固定的CO_2与呼出的CO_2量的差值为215 t；根据目前国际上通用的碳税标准和我国的实际情况，采用我国的造林成本250元/t和国际碳税标准1 190元/t的平均值720元/t作为碳税标准，计算出东居延海每年的调节气候价值为15.48万元。

4.4.1.7　固沙生态价值

东居延海水域固沙生态价值计算采用公式为

$$V_d=Q_dSC_d \tag{4-10}$$

式中：V_d为研究区滞尘价值，元/a；Q_d为研究区林地滞尘能力，t/(km^2·a)；S为研究区水域面积,km^2;C_d 为消减粉尘成本,元/t。

利用式(4-5)~式(4-10)生态价值的计算方法,根据实地调查资料,东居延海的大头鱼每平方千米产量约为 2 000 kg,每吨大头鱼的市场价为 20 000 元/t,可计算得到其水产价值。根据当前东居延海水草在水域的分布状况,水草资源面积约占水域面积的 75%,根据芦苇的长势,芦苇面积约占水草面积的 30%,单位面积芦苇产量为 100 t/km^2,每吨芦苇市场价 1 000 元/t,可计算得到其水草价值。东居延海为额济纳旗几个重要的旅游资源之一,其旅游收入占总旅游收入的 1/4,平均每年东居延海旅游收入为 739 万元/a。东居延海水域生态用水调蓄价值为 0.67 元/m^3。采用谢高地等(2008)在《一个基于专家知识的生态系统服务价值化方法》一文中的研究成果,湿地这一服务功能的年生态效益为 1 657.18 元/hm^2。由植物光合作用原理可知,植物每生产 162 g 干物质可吸收 264 g CO_2,根据东居延海水草产量,可计算得到固碳价值。根据观测资料(陈丽等,2011),东居延海单位面积固沙量为 10^5 m^3/km^2,人为削减 1 m^3 沙尘成本为 100 元,可计算得到固沙价值。

图 4-5 为计算得到的东居延海生态价值与水面面积变化关系曲线。由图 4-5 可知,东居延海生态价值随着水面面积的增加而增加,在水面面积 0~18 km^2 变化过程中,生态价值增加显著,大于 18 km^2 后,生态价值增加趋势明显变缓,单位面积水面面积增加所产生的生态价值不显著,从生态用水效率的角度考虑,水面面积增加的边际效率不大。

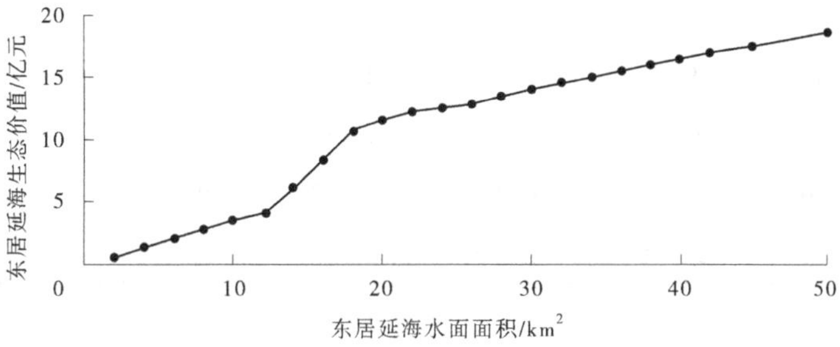

图 4-5　东居延海生态价值与水面面积变化关系曲线

4.4.2　最低生态需水量估算

基于式(4-2)~式(4-4),当东居延海水面面积维持在 18 km^2 时,东居延海年蒸发量为 2 749 万 m^3,湖泊渗漏水量 6.5 万 m^3,降水补给量为 51.5 万 m^3。根据水量平衡原理,要维持东居延海水面面积为 18 km^2,其年需水量为 2 704 万 m^3。

4.5　基于不同湖泊面积保证率的生态需水量计算

4.5.1　不同保证率下湖面面积计算

湖泊面积保证率是指在某一时段内,湖面面积大于或小于某一界限的频率的总和,用于说明该种状况出现的可靠程度。图 4-6 为东居延海 2005~2018 年连续不干涸条件下各月湖面实际面积，选择 50%为理想保证率、75%为适宜保证率、95%为最小保证率，计算出保证率分别为 50%、75%、95%的各月湖面面积(见表 4-15)。

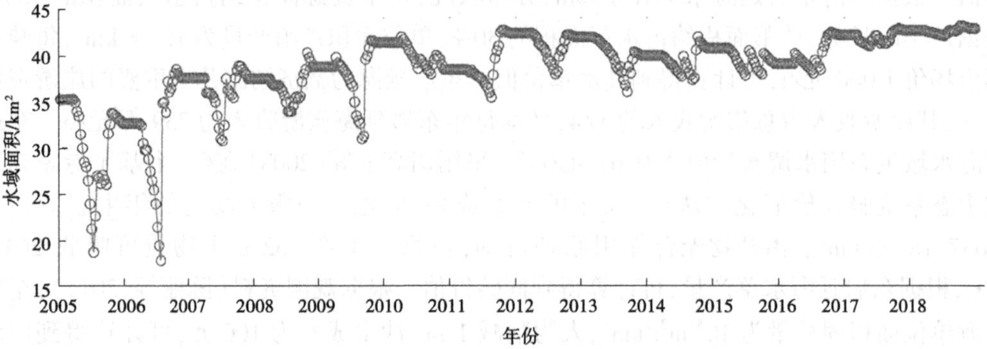

图 4-6　东居延海 2005~2018 年逐旬湖面面积变化

表 4-15　东居延海不同保证率下各月湖面面积　　单位：km²

保证率	1 月	2 月	3 月	4 月	5 月	6 月	7 月
50%	44. 11	44. 53	44. 67	43. 18	40. 29	36. 48	32. 23
75%	39. 59	39. 96	40. 08	38. 75	36. 15	32. 74	28. 92
95%	25. 55	25. 79	25. 87	25. 01	23. 33	21. 13	18. 67
保证率	8 月	9 月	10 月	11 月	12 月	全年平均	
50%	34. 73	37. 57	45. 78	46. 88	45. 56	41. 33	
75%	31. 16	33. 72	41. 08	42. 07	40. 88	37. 09	
95%	20. 11	21. 76	26. 52	27. 15	26. 39	23. 94	

4. 5. 2　湖泊需水量计算

根据式(4-2)~式(4-4)，基于表 4-15 中计算的东居延海 50%、75%、95%保证率下的水面面积，计算求解得到相应的湖泊蒸发耗水量、渗漏耗水量、降水补给量和不同保证率下的生态需水量(见表 4-16)。

表 4-16　东居延海不同保证率下的生态需水量　　单位：万 m³

保证率	水面面积/km²	蒸发耗水量	渗漏耗水量	降水补给量	生态需水量
50%	41. 33	6 312	15	118	6 209
75%	37. 09	5 665	14	106	5 572
95%	23. 94	3 656	9	68	3 597

湖泊需水量估算结果表明，在最小保证率 95%下，维持东居延海 23. 94 km² 的湖泊面

积，使湖泊不再萎缩，周边生态环境不严重退化的最小湖泊需水量为3 597万m^3；在适宜保证率75%下，维持东居延海37.09 km^2的湖泊面积，使其周边生态环境得到初步改善的湖泊需水量为5 572万m^3；在理想保证率50%下，维持东居延海41.33 km^2的湖泊面积，使其周边生态环境得到较大改善的湖泊需水量为6 209万m^3。2005~2018年多年平均入湖水量为5 500万m^3，除2005年和2008年外，东居延海补水量基本维持在4 500万m^3以上，加上地下水补给量，基本能满足理想保证率以上的生态水需求，考虑到黑河径流量对东居延海及额济纳三角洲有直接影响，东居延海及其周边生态环境对黑河径流量存在依赖关系，因此在不同时期，应根据东居延海湖泊需水量占黑河流域上、中、下游径流量的比例合理分配水资源。

4.6　基于湖泊形态学的生态需水量计算

4.6.1　计算方法

采用湖泊形态学法求湖泊最低生态水位。用湖泊库容作为湖泊水文和地形系统特征的指标，用湖面面积作为湖泊功能指标。随着湖泊面积减少，湖泊库容也随之减少。由于湖泊库容和面积之间为非线性关系，当库容不同时，湖泊库容每减少一个单位，湖泊面积的减少量是不同的。湖泊库容变化率为湖泊库容和面积关系函数的一阶导数。在此关系上，库容变化率有一个最大值。此最大值的意义是：最大值相应湖泊面积每降低一个单位，湖泊库容的下降将显著增加，即在此最大值相应水位每降低一个单位，湖泊功能的减少量将显著增加。超过此值，湖泊水文的地形子系统功能将出现严重退化。因此，此最大值相应水位就是最低生态水位。二阶导数则是一阶导数的变化率，在图形上它主要表现为函数的凹凸性。若定义域内二阶导数为0，则该点是一阶函数定义域内的极值点或拐点，公式如下：

$$H = f(M) \tag{4-11}$$

$$\frac{d^2H}{dM^2} = 0 \tag{4-12}$$

$$L = f(H) \tag{4-13}$$

式中：H为湖泊库容，万m^3；M为湖泊面积，km^2；L为湖泊水位，m。

由于东居延海属于闭口湖，只有入水没有排水，湖泊的需水量主要来自入湖水量，所以湖泊的生态需水量就等于入湖水量，计算公式如下：

$$W_{min}(t) = W_m(t) + W_u(t) \tag{4-14}$$

$$W_u(t) = W_e(t) + W_g(t) - W_p(t) \tag{4-15}$$

式中：$W_{min}(t)$为t时段内湖泊最小生态需水量；$W_m(t)$为t时段内湖泊维持自身存在所需的最小水量；$W_u(t)$为t时段内湖泊消耗水量，$W_e(t)$为t时段内蒸发量；$W_g(t)$为t时段内地下水交换量；$W_p(t)$为t时段内降雨量。

在此不考虑水位的年内变化，只计算全年的最小生态需水量，因此以上各参数均以年值表示，公式可简化为

$$W_{min}(t)=W_m+W_e+W_g-W_p \tag{4-16}$$

式中：W_m 为最低生态水位对应库容；W_e 为包含湖泊内水面蒸发量和水生植物蒸散需水量在内的水量，水面蒸发采用蒸发量与最小生态面积的乘积，在重建水生植物群落后，植物蒸散需水量应根据实际情况计算；W_g 为地下水交换量，从全年来看，地下水与地表水应处于动态平衡，这里也不考虑地下水过度开采形成的地下漏斗，因此地下水交换量假定为0；W_p 为降水量，为年降水量与最小生态面积的乘积。

4.6.2 最低生态需水量计算

求解东居延海库容和面积关系式二阶导数为0的点对应的水面面积，代入水位和面积关系式求得对应的水位值，即湖泊最低生态水位与水面面积。

根据湖泊水位–水面面积–库容关系曲线（见图4-7），拟合东居延海库容（H）和水面面积（M）关系式为

$$H=0.0266M^4-1.8752M^3+41.056M^2-220.18M+69.554 \quad (R^2=0.99) \tag{4-17}$$

拟合东居延海水位（L）和水面面积（M）关系曲线关系式为

$$L=0.0002M^3-0.0101M^2+0.2074M+900.75 \quad (R^2=0.98) \tag{4-18}$$

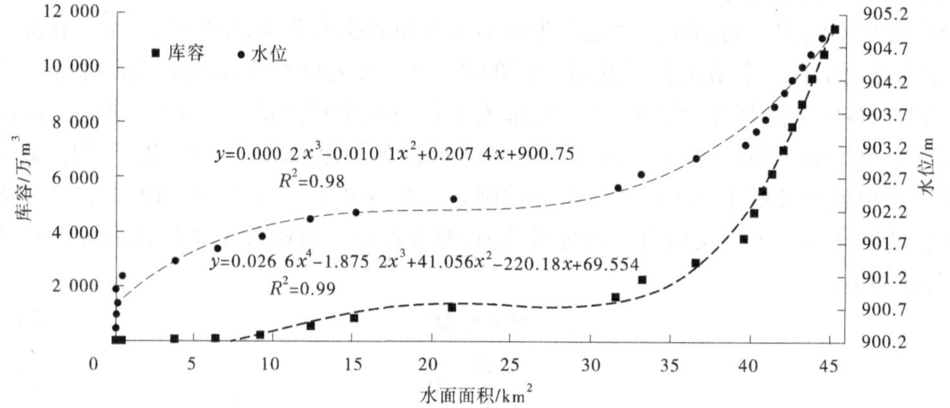

图4-7 东居延海水位–水面面积–库容关系曲线

求解式（4-12）、式（4-17）、式（4-18）得东居延海最小生态水面面积为16.83 km²。

基于式（4-1）~式（4-4），当东居延海水面面积为16.83 km²时，计算得到生态需水量为2 577万m³。

4.7 维持东居延海湿地生态系统健康的基本水量

综合三种生态需水量计算结果：基于湖泊生态价值功能计算方法求得的适宜水面面积为18 km²，年最低需水量为2 704万m³；基于不同湖泊面积保证率计算方法求得的最低水面面积为23.94 km²，年需水量为3 597万m³；基于湖泊形态学方法计算得到的生态水面面积为16.83 km²，其对应的年生态需水量为2 577万m³（见表4-17）。

表 4-17　不同计算方法东居延海适宜需水量计算结果对比

计算方法	水面面积/km²		年生态需水量/万 m³
湖泊生态价值法	18		2 704
不同湖泊面积保证率法	保证率 95%	23.94	3 597
	保证率 75%	37.09	5 572
	保证率 50%	41.33	6 209
湖泊形态学法	16.83		2 577

根据黑河水资源与生态保护研究中心前期研究成果，应用 PSR 模型对东居延海湿地生态系统年代际健康状况评价，依据健康状态评价等级分为 5 级：很健康（0.8～1.0）、健康（0.6～0.8）、亚健康（0.4～0.6）、病态（0.2～0.4）、疾病（0～0.2），评价结果见表 4-18、图 4-8。

表 4-18　东居延海湿地健康指数评价

指标体系		1980 年	1990 年	2000 年	2005 年	2010 年	2015 年
压力指标	入湖水量	0.044	0.042	0	0.053	0.072	0.095
	年均气温	0.022	0.024	0.024	0.025	0.025	0.027
	年均风速	0.033	0.029	0.031	0.028	0.029	0.026
	年牲畜存栏数	0.086	0.092	0.071	0.064	0.036	0.040
	年渔业产值	0.050	0.015	0.042	0.027	0.062	0.084
	旅游人数	0	0	0.002	0.009	0.021	0.054
状态指标	最大湖泊面积	0.081	0.138	0	0.125	0.147	0.144
	矿化度	0.014	0.020	0.060	0.010	0.012	0.015
响应指标	灌木林面积	0.088	0.070	0.017	0.023	0.029	0.051
	优势种高度	0.075	0.065	0.036	0.040	0.043	0.055
	芦苇面积	0.004	0.004	0.002	0.018	0.034	0.065
	鸟类种数	0.045	0.027	0.008	0.011	0.016	0.073
	野生鱼类种数	0.065	0.036	0	0.051	0.101	0.109
PSR 指数	压力	0.235	0.204	0.170	0.207	0.245	0.326
	状态	0.095	0.158	0.060	0.134	0.159	0.159
	响应	0.277	0.202	0.063	0.142	0.223	0.352
综合健康指数		0.607	0.564	0.292	0.484	0.627	0.836
健康状态		健康	亚健康	病态	亚健康	健康	很健康

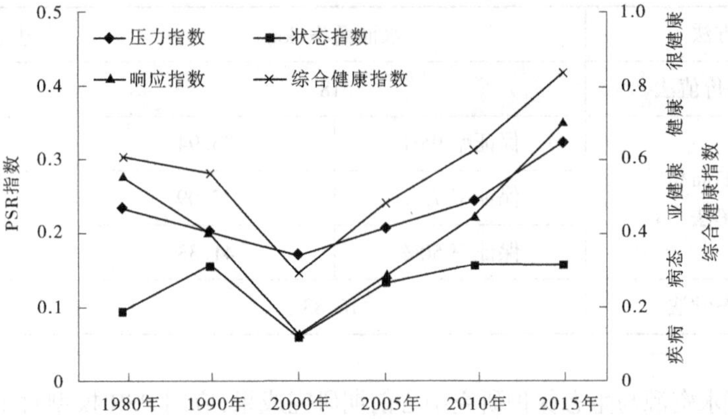

图 4-8 东居延海湿地生态系统健康指数年代际变化

东居延海湿地生态系统经历了从 20 世纪 80 年的亚健康到 90 年代至 21 世纪初的病态再到近 5 年来的健康状态的演变。从 PSR 模型的各分项来看，压力指数、响应指数和综合评价指数都呈现由 1980 年下降至 2000 年最低点后再上升的趋势，压力指数从 2000 年的 0.170 增加到 2015 的 0.326，尤其是近 5 年增加更为明显，这主要是旅游人数和渔业产值的增加引起的；而状态指数呈先增加后降低再增加的趋势，近 5 年基本稳定；响应指数呈先降低后增加的趋势，尤其是 2015 年的响应指数超过 80 年代，目前基本稳定。东居延海湿地生态系统健康指数历年变化见图 4-8，由图 4-8 可见，综合健康指数与响应指数呈相同的变化趋势，两者呈显著的相关关系（$R^2=0.70, p<0.01$），可见湖泊湿地生态系统健康主要与其周边环境的响应过程有关，尤其是动植物响应过程。

东居延海年入湖水量与综合健康指数变化趋势基本一致（见图 4-9），两者呈显著的线性关系（见图 4-10），据此计算的维持生态健康（综合健康指数>0.6）的最低补水量约为 0.38 亿 m^3。2005 年以来，这一水量基本得到满足，但 2010 年以后生态系统才趋于健康，说明生态系统健康维持与补水量存在滞后效应。

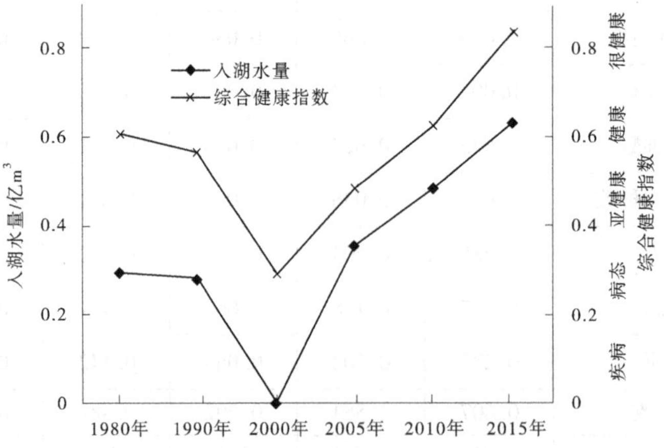

图 4-9 东居延海入湖水量和综合健康指数的年代际变化

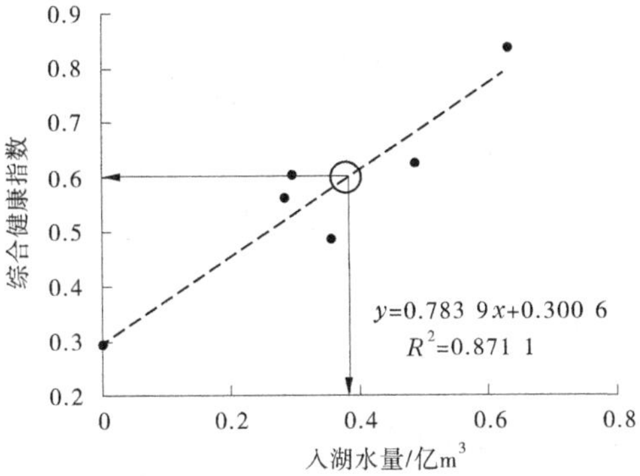

图 4-10　东居延海入湖水量和综合健康指数的年代际变化

2010 年以来，年补水量均超过最低补水量线，湖泊面积趋于稳定（标准差较小），即使在补水量较低的 2013 年和 2015 年（见图 4-11），说明地下水与湖水补排关系达到均衡状态，生态系统处于健康，因此年补水量 0.38 亿 m^3 是维持生态健康的最低补水量。

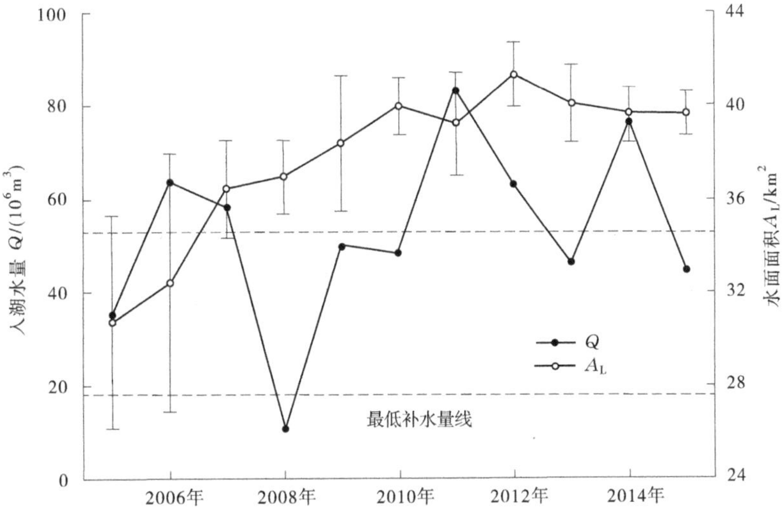

图 4-11　近 10 年来东居延海入湖水量与水面面积变化的关系

结合计算的东居延海年生态需水量，维持东居延海湿地生态系统健康的最低生态需水量为 0.26 亿 m^3，此时入湖水量对应的综合健康指数为 0.4~0.6，东居延海湿地生态系统处于亚健康状态。因此，为维持湿地生态健康，建议每年进入东居延海的水量不低于 0.38 亿 m^3。

4.8　小　结

（1）本章分析了额济纳绿洲入境水量和东居沿海入湖水量，利用不同的湖泊需水量计算方法，结合东居沿海健康指数，提出了维持东居沿海湿地生态系统健康的入湖水量，并给出生态水量调度建议。正常调度以来,2005～2018 年进入东居延海的水量年代际存在较大的变化,年均为 0.55 亿 m^3,进入东居延海的水量占狼心山东河与东干渠来水量之和的比例在 13%～46%范围变化,平均为 25%。2005～2018 年多年平均情况下,东居延海 7～10 月总的入湖水量占全年入湖水量的 97.28%。

(2)综合前述三种生态需水量计算结果:基于湖泊生态价值功能计算方法求得的适宜水面面积为 18 km^2,年最低需水量为 2 704 万 m^3;基于不同湖泊面积保证率计算方法求得的最低水面面积为 23.94 km^2,年需水量为 3 597 万 m^3;基于湖泊形态学方法计算得到的生态水面面积为 16.83 km^2,其对应的年生态需水量为 2 577 万 m^3。

(3)对照东居延海湿地综合健康指数评价结果,为维持东居延海湿地生态系统健康,建议每年进入东居延海的水量不低于 0.38 亿 m^3。

(4)根据前述统计分析结果,2004 至 2018 年 7 月、8 月狼心山年均入境水量分别为 1.30 亿、1.28 亿 m^3,则最小生态需水量(2 577 万 m^3),占两月合计入境水量的 10.08%;再根据狼心山—东居延海河道水量损失率 80%可知,每年 7 月、8 月进行生态输水完全可以满足东居延海最低生态需水量,其余盈余水量可向其他区域进行生态调度。

第 5 章　面向生态的水资源配置方案编制

本章首先提出了水资源配置思路，包括配置原则、调配单元划分、水资源模型构建等内容；其次分析了影响水资源配置的要素，包括东居延海用水指标、三角洲恢复规模、生态保护优先次序、不同保证率进入狼心山断面的来水量和区域生态与地下水位关系；最后结合面向生态的水资源配置模型模拟结果，编制了现状工程条件下面向生态的水资源配置方案。

5.1　水资源配置思路

流域水资源优化配置是在水资源生态经济复合系统内，按照可持续性、有效性、公平性和系统性的原则，遵循生态规律和经济规律，对特定流域内不同形式的水资源，通过各种工程和非工程措施，以单位产值的水资源消耗最小、生态系统提供的服务最大为目标，在生态用水与经济社会用水之间、区域之间、生态用水部门之间进行科学调配，尽可能提高流域整体的用水效率，促进流域水资源的可持续利用、生态系统的健康稳定和区域的可持续发展。显然，水资源配置必须考虑生态系统的需水要求。有关生态需水配置的研究归纳总结有 3 种途径：一是建立生态经济效益统一度量的水资源配置模型；二是以经济效益最大为目标函数，生态需水或生态缺水作为约束条件；三是建立多目标决策模型，如协商支持系统（negotiation support system，NSS）、多目标或多准则水资源配置。前两种途径都是将不可公度的多目标问题转化为单目标问题求解，其中第一种途径由于生态效益难以货币化度量，其在生产中的应用取决于生态用水效益的货币化实现和人们对生态服务价值的支付意愿，目前还处于探索之中；第二种途径未能将生态配水的生态效益定量化；第三种途径是当前国内外水资源配置研究的热点。社会经济发展追求经济效率，利用了天然生态系统，也因此影响了天然生态系统，需要在人工生态系统获得的效益和因调整天然生态功能负面影响而损失的效益之间进行权衡。

对于黑河下游额济纳三角洲而言，需要以水资源的生态效益最大化为目标，在各生态子区之间进行科学调配，尽可能提高区域整体用水效率，促进水资源的可持续利用、生态系统的健康稳定和区域的可持续发展，拟通过建立多目标决策模型进行水资源配置。

5.1.1　配置原则

黑河额济纳三角洲水资源开发利用的主要问题集中表现在：一方面存在水资源短缺问题，另一方面又普遍存在水资源利用不合理（地表水浪费严重、地下水利用率低等），导致水资源开发中的一系列生态环境问题。水资源的开发利用应以区域为整体单元加以统一考虑，全区域范围用水标准必须采用以水定地、以水定牧、以水定产业结构，切实可行的水资源合理调配的方式，以保证区域社会经济与生态环境的协调持续发展，在此提出以下原则：

(1)区域水资源调控的基本准则。水量分配在区域分配上必须满足国务院《黑河干流水量分配方案》《黑河流域近期治理规划》分水方案，即在莺落峡来水量为15.8亿m^3时，正义峡断面过水量为9.5亿m^3，鼎新灌区来水量为0.9亿m^3，东风场区来水量为0.6亿m^3。

(2)区域经济社会发展方略。历年的黑河干流年度调度方案在调度目标里皆明确指出，使进入额济纳三角洲的水量全部用于生态恢复和改善。根据目前待批的《黑河流域综合治理规划》对额济纳三角洲区的生活和生产用水指标核定为0.19亿m^3，后续可根据批复情况予以考虑。

(3)水量供需平衡。下游额济纳三角洲地处干旱区，需要重点考虑的是水量。充分利用流域下游构造盆地的调蓄功能，夺取无效蒸发，提高下游地区水资源利用效率。近期重点考虑工程节水，远期考虑高新节水。

(4)水利工程布局。进入额济纳三角洲的水量需要根据河道渠系情况进行调配。

(5)保护层次原则。东居延海作为黑河生命健康的标志，同时是"两个确保"(确保完成年度分水指标、确保调水进入东居延海)之一，必须保障东居延海不干涸。此外，区域生态格局大致可划分为两大片区：东河区和西河区，从景观格局的空间分异来看，东河区景观格局较为连续，从上游到下游逐渐演替，形成了一个整体。因此，在下游水资源配置过程中，要充分体现出保护层次原则。

上述5个方面的原则是相互联系的，在黑河流域下游水资源配置过程中，要在上述原则的制约下，因地制宜、因时制宜地实现生态恢复目标。

5.1.2　水资源调度配置单元(子区)的划分

根据前述的遥感解译和生态分区结果，黑河下游区域大致可划分为绿洲区和非绿洲区两部分，绿洲区主要分布在沿东河和西河带状范围内，非绿洲区主要包括东、西戈壁和古日乃区。东戈壁位于黑河东河以东、古日乃湖以西，一部分戈壁为冲积形成，另一部分戈壁则为洪积形成，大部分属裸露戈壁，少部分零星分布着梭梭、红砂、泡泡刺，局部梭梭较密集。在西河以西为广大的西戈壁区，主要分布有耐旱的梭梭、沙拐枣、霸王、白刺等。就目前情况看，这两个区生长的植物主要依赖天然降水，且与黑河无地表水水力联系。古日乃区位于弱水冲积扇东缘，其东部和南部为巴丹吉林沙漠所包围，西部经东戈壁与东河相连，古日乃湖与黑河无地表水水力联系，因此东、西戈壁区和古日乃区暂不考虑利用狼心山枢纽进行配水。

考虑植被耗水、地表水和地下水水力联系及地表水灌溉条件等因素，加之黑河下游额济纳三角洲东、西河沿线及其下游河网(包括东、西居延海)地区，绿洲面积大、集中连片、植被种类多样，是额济纳绿洲的精华，同时是目前植被退化严重、亟待进行恢复和整治的重点区，所以本次水资源调度配置方案编制重点考虑的区域为两河区、两湖区和中戈壁区，即额济纳三角洲。

基于以下四个方面的原则：①反映额济纳三角洲生态的不同特征；②反映不同的水资

源特征;③分区具有一定规模以保证生态意义上的独立性和独特性;④对指定遏制生态退化和生态适度修复的对策有具体指导意义。根据现有河道、水利工程的布局、各部分三角洲在整个地区中所起的环境保护作用、三角洲生态需水量和需水过程等因素,将水资源配置区划分为 13 个子区(见图 5-1)。

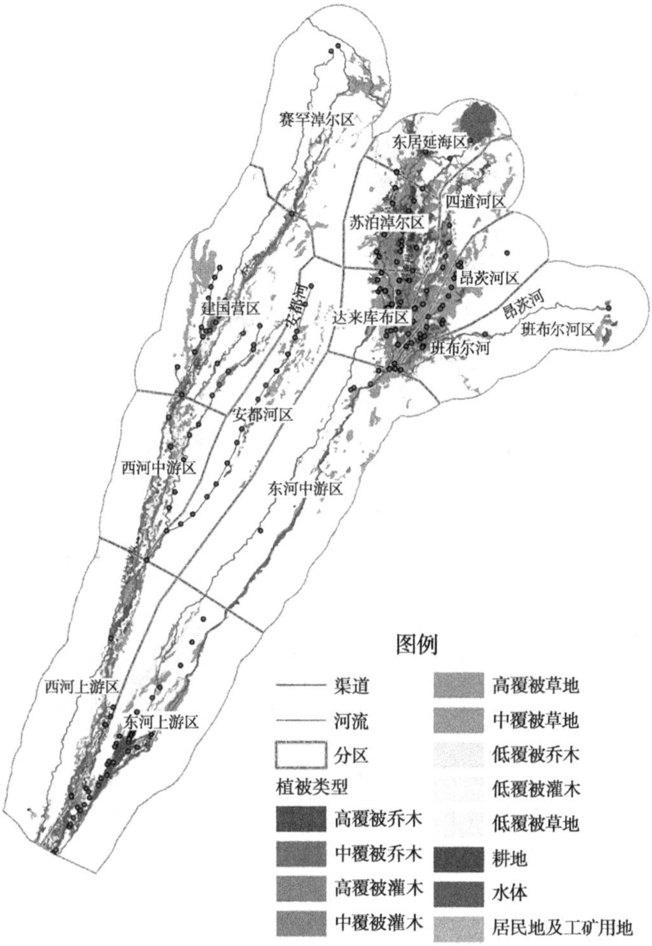

图 5-1　额济纳三角洲水资源配置分区

基本划分依据为:在狼心山以下分东河区和西河区,大致沿孟克图一线以南为东河上游区、西河上游区;以下至昂茨河分水闸以上为东河中游区;在莱茨格敖包以上为西河中游区和安都河区,莱茨格敖包以下至穆仁高勒为建国营区;昂茨河以下为东河下游区,按地表水水力联系和渠道分布划分为 6 个子区,沿昂茨河和班布尔河之间以东为班布尔河区,以西至四道河分干渠以东为昂茨河区,四道河以东为四道河区,沿铁库里河、一道河和二道河自南向北以巴格吉格德水闸和二道河尾口分别划分为达来库布区、苏泊淖尔区和东居延海区(见表 5-1)。

表 5-1 现状年(2018 年)各水资源配置分区基本情况

分区		控制面积/km²	河渠长度/km	植被面积/km²	地下水埋深/m	植被盖度/%	生态需水/万 m³
东河区	东河上游区	391.42	60.38	166.35	2.79	16.96	6 289.15
	东河中游区	928.66	60.47	97.61	2.72	20.14	6 289.04
	达来库布区	1 070.15	67.46	148.47	2.53	21.20	2 966.55
	苏泊淖尔区	248.15	41.85	203.69	2.71	36.04	5 302.40
	东居延海区	316.22	31.12	121.69	3.82	26.50	6 518.90
	四道河区	287.43	52.02	173.48	5.10	19.08	6 062.32
	昂茨河区	287.25	31.85	153.49	3.41	15.90	5 003.79
	班布尔河区	320.02	71.68	87.52	2.73	12.72	3 757.63
西河区	西河上游区	670.48	58.79	155.78	2.64	25.44	2 162.31
	西河中游区	803.80	51.29	159.06	3.00	24.38	6 430.90
	建国营区	909.77	151.02	248.56	2.50	29.68	5 691.42
	赛罕淖尔区	828.68	98.04	135.50	2.46	28.62	5 299.67
	安都河区	482.22	64.92	56.91	2.31	23.32	1 541.13
合计(平均)		7 544.25	840.89	1 908.11	2.98	23.08	58 199

现状年(2018 年)植被类型主要以中、低覆被植被为主(见图 5-2),主要分布在东河上中游段和西河的两岸,在东河下游段连片分布,但在昂茨河和班布尔河区分布较少。该结果与 2018 年野外调查基本一致。

5.1.3 水资源配置模型

黑河下游额济纳三角洲的生态需水主要包括水域生态需水和天然植被生态需水。生态配水是水资源配置时分配给生态系统的水量,生态耗水是生态系统消耗的水量。在生态需水范围内,生态配水量越大,生态效益越大,这是流域水资源配置追求的生态目标。

5.1.3.1 水资源配置模型系统

水资源配置模型系统包括多目标决策模型、生态需水计算模型、计算单元水资源优化配置模型。假设以不同水资源配置情景作为输入,通过对各目标赋予权重,模型耦合输出配置结果,给出配置方案(见图 5-4)。

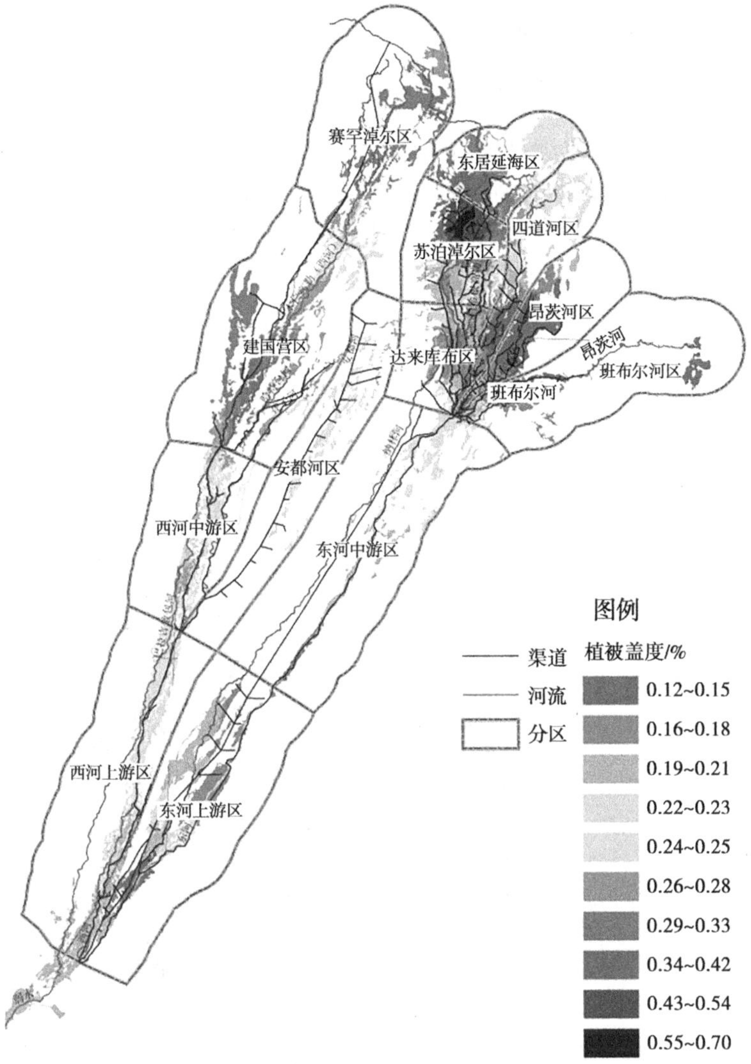

图 5-2　现状年水资源配置区植被盖度

5.1.3.2　决策变量的设置

如前所述,该系统包括 13 个子区,每个子区有 5 个用水时段。于是该系统共有 65 个变量参加优化分配模型计算。每个子区 i 的每个时段 j 设置地表配水量为决策变量,记为 $W_{ij}(i=1,2,\cdots,13;j=1,2,\cdots,5)$。

5.1.3.3　水资源合理配置目标函数

考虑到黑河下游额济纳三角洲主要以天然植被为主,因此水资源配置重点体现水资源配置的生态平衡原则。以区域适宜生态需水的满足程度作为生态配水目标的指标,显然区域生态需水满足程度最大的是面向生态的水资源合理配置追求的生态目标。

$$
\mathrm{DECO}(K)=\begin{cases}\dfrac{d\cdot \mathrm{WE}(K)}{\mathrm{WEL}} & \mathrm{WE}(K)\leqslant \mathrm{WEL}\\ d+(1-d)\ \dfrac{\mathrm{WE}(K)-\mathrm{WEL}}{\mathrm{WEU}-\mathrm{WEL}} & \mathrm{WE}(K)=\mathrm{WEL}\end{cases} \tag{5-1}
$$

式中：DECO(K)为生态需水满足度；WE(K)为 K 方案的实际生态用水，为各计算单元实际生态用水之和，由模型计算得到，或人为配置给定；WEU、WEL 为流域生态需水的上限和下限，由生态需水模型计算得到；如前所述，WEU 取目标年(1987 年)生态需水量 7.50 亿 m^3，WEL 为 2018 年生态需水量 5.47 亿 m^3，即保证生态维持在现状水平的需水量(见图 5-3)；d 为当生态用水为生态需水下限时的满足度，一般可取 0.5。

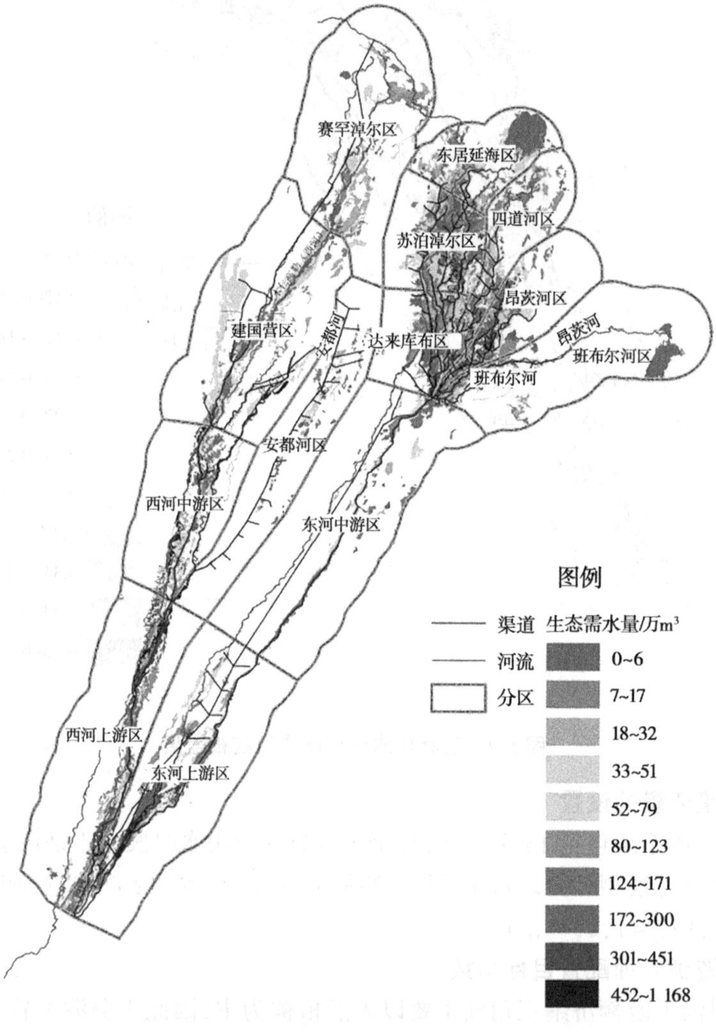

图 5-3　现状年水资源配置区生态需水量

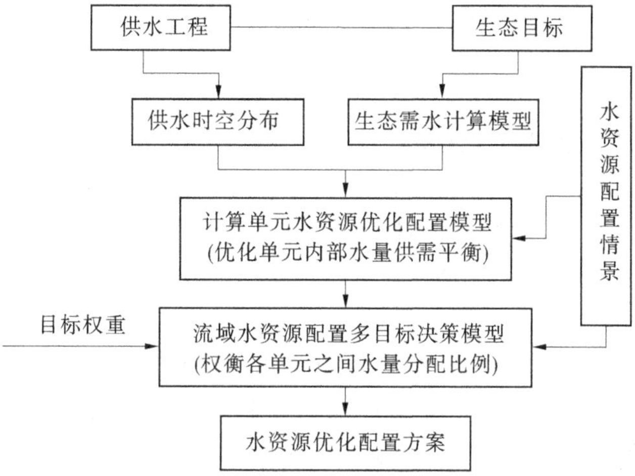

图 5-4　水资源合理配置模型系统

$$\mathrm{WE}(K)=\sum_{i=1}^{13}\sum_{j=1}^{6}W_{ij} \tag{5-2}$$

同时,还必须保证各配水区域配水时段配水量不小于 0,即

$$W_{ij}\geqslant 0\quad(i=1,2,\cdots,13;j=2,3,4,5) \tag{5-3}$$

5.2　影响要素分析

根据前述配置原则、配置子区分析,结合配置模型,深入分析影响水资源配置的要素,包括来水量及过程、东居延海用水指标、三角洲恢复规模和生态保护优先次序。其中,东居延海用水指标和三角洲恢复规模已在前述章节进行论述,这里小结如下。

5.2.1　东居延海用水指标

东居延海的水面面积是东居延海周边生态恢复与重建的根本保障。2005~2018 年东居延海年平均入湖水量为 0.55 亿 m^3,最大年入湖水量为 0.88 亿 m^3,最小年入湖水量为 0.33 亿 m^3。进入东居延海的水量为东居延海周边生态恢复和重建提供一定的水资源保障,同时随着周边地下水位的逐步回升,也为周边生态恢复和重建提供了土壤水分条件。根据调度以来的实践结果分析,在保证东居延海适宜的水面面积下,地表水配水量应不少于 0.38 亿 m^3。

5.2.2　三角洲恢复规模

三角洲恢复应以维持现状年三角洲规模为主,在此基础上考虑恢复面积和盖度。如前所述,自黑河水量统一调度以来,进入狼心山断面的年均水量约为 6.14 亿 m^3,与现状三角洲面积所需 5.47 亿 m^3 生态水量差异不大,因此应将维持现状三角洲规模作为配置目标。

下面重点分析来水量及过程和生态保护优先次序。

5.2.3 来水量分析

5.2.3.1 不同保证率莺落峡来水量

选取莺落峡站水文序列1948～2018年71年的径流资料，根据莺落峡1956～2018年年径流量变化：该水文序列包括典型枯水年（1948～1979年）、平水年（1980～2002年）和丰水年（2003～2018年），且有周期性变化规律，整个序列为一完整的水文过程，具有一定的代表性。

根据莺落峡站多年径流量资料，计算出多年平均径流量为16.59亿m^3，变差系数C_v=0.19，C_s的经验取值为$3C_v$。采用P－Ⅲ型频率分布曲线进行配线，计算结果如表5-2所示。莺落峡站1948～2018年径流量频率曲线如图5-5所示。

表5-2　莺落峡站1948～2018年径流量P－Ⅲ型频率分布配线

频率/%	1	5	10	25	50	75	90	95	99
径流量/亿m^3	25.21	22.23	20.77	18.52	16.29	14.33	12.79	11.96	10.59

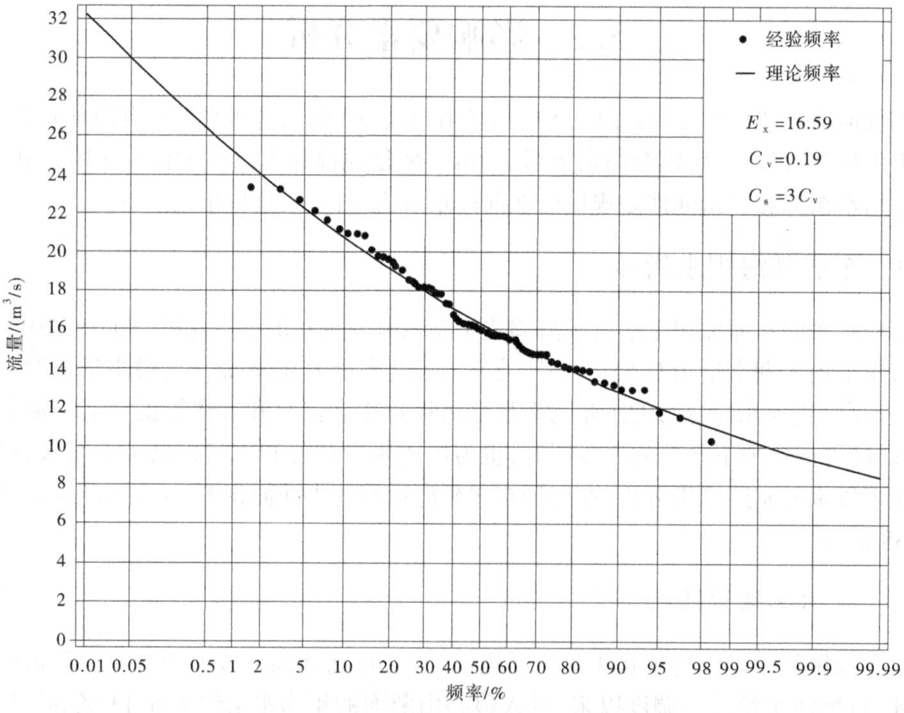

图5-5　莺落峡站1948～2018年径流量频率曲线

根据以上原理，采用同频率法计算年径流量和不同保证率下的逐月径流分配（见

表 5-3）。由表 5-2 可知，25%、50%和 75%保证率下，莺落峡站年径流量分别为 18.52 亿 m^3、16.29 亿 m^3 和 14.33 亿 m^3。

5.2.3.2　不同保证率狼心山入境水量

统计常规调度以来（2004～2018 年）莺落峡、狼心山水文站径流数据，计算莺落峡—狼心山区间耗水量，结果见表 5-3。由表 5-3 中三组数据可以发现，莺落峡站径流量和莺落峡—狼心山区间耗水量变异系数相对较小。由于 2016 年以来，随着莺落峡来水量增大，莺落峡—狼心山区间的量反而减小，考虑到这种现象的不可持续性，遵循保守性原则，暂时未纳入统计，统计分析莺落峡径流量和莺落峡—狼心山区间耗水量两者之间的相关关系，结果见图 5-6。

表 5-3　常规调度以来莺落峡、狼心山水文断面过流量统计　单位：亿 m^3

年份	莺落峡	狼心山	莺落峡—狼心山区间耗水量
2004	14.99	3.93	11.06
2005	18.08	4.90	13.18
2006	17.90	6.14	11.76
2007	20.67	6.49	14.18
2008	18.86	6.98	11.88
2009	21.30	6.79	14.51
2010	17.45	4.83	12.62
2011	18.06	5.81	12.25
2012	19.35	5.69	13.66
2013	19.53	6.70	12.83
2014	21.90	6.51	15.39
2015	20.66	6.53	14.13
2016	22.37	9.83	12.54
2017	23.55	10.71	12.84
2018	20.58	9.79	10.79
平均	19.68	6.77	12.91
变异系数	0.11	0.28	0.10

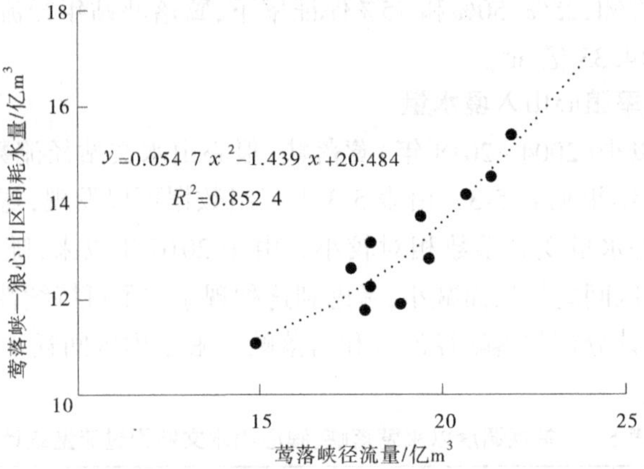

图 5-6　莺落峡径流量与莺落峡—狼心山区间耗水量关系曲线

由图 5-6 可见,莺落峡站径流量与莺落峡—狼心山区间耗水量之间存在较好的相关关系,R^2 为 0.852 4,可以根据不同保证率(25%、50%、75%)莺落峡来水量间接计算在 25%、50%、75%保证率下狼心山入境水量,具体计算公式为

$$W_{区间耗水} = 0.054\,7W_{莺落峡}^2 - 1.439W_{莺落峡} + 20.484 \tag{5-4}$$

式中:$W_{区间耗水}$为莺落峡—狼心山区间耗水量,亿 m³;$W_{莺落峡}$为莺落峡站径流量,亿 m³。

依据式(5-4)计算不同保证率下狼心山站入境水量,见表 5-4。

表 5-4　不同保证率来水条件下狼心山水文断面过流量　　单位:亿 m³

保证率	莺落峡	莺落峡—狼心山区间耗水量	狼心山
25%	18.52	12.60	5.92
50%	16.29	11.56	4.73
75%	14.33	11.10	3.23

由表 5-4 可知,莺落峡水文站丰、平、枯水年来水量分别为 18.52 亿 m³、16.29 亿 m³、14.33 亿 m³,相应的狼心山大致入境水量为 5.92 亿 m³、4.73 亿 m³、3.23 亿 m³。

通过以上分析,在不同保证率来水条件下,莺落峡—狼心山区间耗水量基本稳定,从而可以根据莺落峡来水量估算狼心山入境水量。丰、平、枯水年狼心山入境水量对下游额济纳三角洲水资源配置具有一定的指导意义。

5.2.3.3　不同保证率来水条件下各时段狼心山入境水量分析

莺落峡水文站年内来水分配极不均匀,7~8 月来水量大而集中,占全年来水量的 41%。同样,年际来水过程变化较大,有些年份 7~8 月会出现较大的洪水过程,能在较短时间内输送一定水量至狼心山;有些年份来水过程相对平稳,加之中游用水和沿线河道蒸发渗漏损失,很难将水量输送至狼心山。狼心山水文站冬 11 月 11 日至翌年 3 月及 9 月至 11 月 10 日历年来水量相对稳定,占全年来水量的 74.5%(见表 5-5),而 7 月、8 月及 4~6 月来水量小而不稳定,很难掌握规律。

表 5-5　常规调度以来各时段狼心山水文断面过流量统计

单位：亿 m^3

年份	全年径流	11 月 11 日至翌年 3 月		4~6 月		7 月		8 月		9 月至 11 月 10 日	
		径流	占比/%	径流	占比/%	径流	占比/%	径流	占比/%	径流	占比/%
2004	3.93	1.89	48.09	0.12	3.05	0	0	0.53	13.49	1.38	35.11
2005	4.90	1.07	21.84	0.09	1.84	0.46	9.39	0.97	19.80	2.30	46.94
2006	6.14	2.00	32.57	0.23	3.75	1.03	16.78	0.61	9.93	2.27	36.97
2007	6.49	1.87	28.81	0.51	7.86	1.07	16.49	0.11	1.69	2.94	45.30
2008	6.98	2.67	38.25	0.42	6.02	0	0	1.14	16.33	2.75	39.40
2009	6.79	2.45	36.08	0.13	1.91	0.02	0.29	0.05	0.74	4.14	60.97
2010	4.83	2.24	46.38	0.33	6.83	0.52	10.77	0	0	1.74	36.02
2011	5.81	2.15	37.01	0.37	6.37	0.05	0.86	0.77	13.25	2.46	42.34
2012	5.69	2.10	36.91	0.54	9.49	0.01	0.18	0.70	12.30	2.33	40.95
2013	6.70	2.49	37.16	0.56	8.36	1.29	19.25	0.13	1.94	2.23	33.28
2014	6.51	2.14	32.87	0.38	5.84	0.79	12.14	0.60	9.22	2.59	39.78
2015	6.53	2.40	36.75	0.84	12.86	1.30	19.91	0	0	1.99	30.47
2016	9.83	2.72	27.67	0.85	8.65	0.54	5.49	1.93	19.63	3.79	38.56
2017	10.71	3.33	31.09	1.31	12.23	1.01	9.43	1.25	11.67	3.81	35.57
2018	9.79	2.44	24.92	1.03	10.52	1.72	17.53	0.91	9.30	3.70	37.79
变差系数	0.28	0.21	0.20	0.67	0.47	0.84	0.80	0.82	0.72	0.30	0.18
平均	6.77	2.26	34.43	0.51	7.04	0.65	9.24	0.65	9.31	2.69	39.97

综合上述分析,在不同保证率来水情况下对狼心山各时段入境水量估算时,可考虑为:丰水年(25%)莺落峡 7~8 月来水相对较大,而根据式(5-4),莺落峡来水量增大时莺落峡—狼心山区间耗水量也随之增大,同时 7 月、8 月正值中游灌溉高峰期,则 7~8 月输送到狼心山的水量基本与多年平均来水量相当,此时可将 7 月、8 月狼心山来水量均设置为全年入境水量的 9%,9 月中游夏灌结束,通过水量调度可以将更多来水输送至狼心山,则 9 月至 11 月 10 日比例定为 40%;平水年(50%)可以认为狼心山 7~8 月来水量均为全年入境水量的 7%;枯水年(75%)7~8 月莺落峡来水量较少,此种情况下 11 月 11 日至翌年 3 月及 9 月至 11 月 10 日应多承担全年来水量,故可认为 7 月、8 月狼心山入境水量很少,取全年入境水量的 5%;为了使不同保证率全年入境水量符合实际,其他时段狼心山入境水量占全年入境水量比例相应加以调整,见表 5-6。

表 5-6 不同保证率来水时狼心山各时段入境水量比例

保证率	冬四月	9 月至 11 月 10 日	4~6 月	7 月	8 月
25%	35%	40%	7%	9%	9%
50%	38%	42%	6%	7%	7%
75%	41%	44%	5%	5%	5%

根据表 5-6 中各时段入境水量比例及不同保证率狼心山来水量,计算各时段入境水量,见表 5-7。考虑额济纳三角洲水资源配置 7 月、8 月及 4~6 月内的水量调度,应根据年内前期来水情况及需水情况实时调整调度方案。

表 5-7 不同保证率来水时狼心山各时段过流量统计 单位:亿 m^3

保证率	莺落峡	年径流	冬四月	9 月至 11 月 10 日	4~6 月	7 月	8 月
25%	18.52	5.92	2.07	2.37	0.41	0.53	0.53
50%	16.29	4.73	1.80	1.99	0.28	0.33	0.33
75%	14.33	3.23	1.33	1.42	0.16	0.16	0.16

5.2.4 生态保护优先次序分析

根据前述分析,狼心山断面枯水年来水仅为 3.23 亿 m^3,远不能维持生态现状,因此还需考虑额济纳三角洲各个区域的保护优先次序。

统筹考虑额济纳三角洲各个区域的生态服务功能(涵养水源、气候调节等)、保护功能(物种栖息地、稀有性、多样性、代表性、自然性、脆弱性等)、资源功能(供水、科研价值、旅游休闲等),将额济纳三角洲各个区域保护优先次序依次分为优先保护对象、次优先保护对象和区域重点保护对象(见图 5-7)。

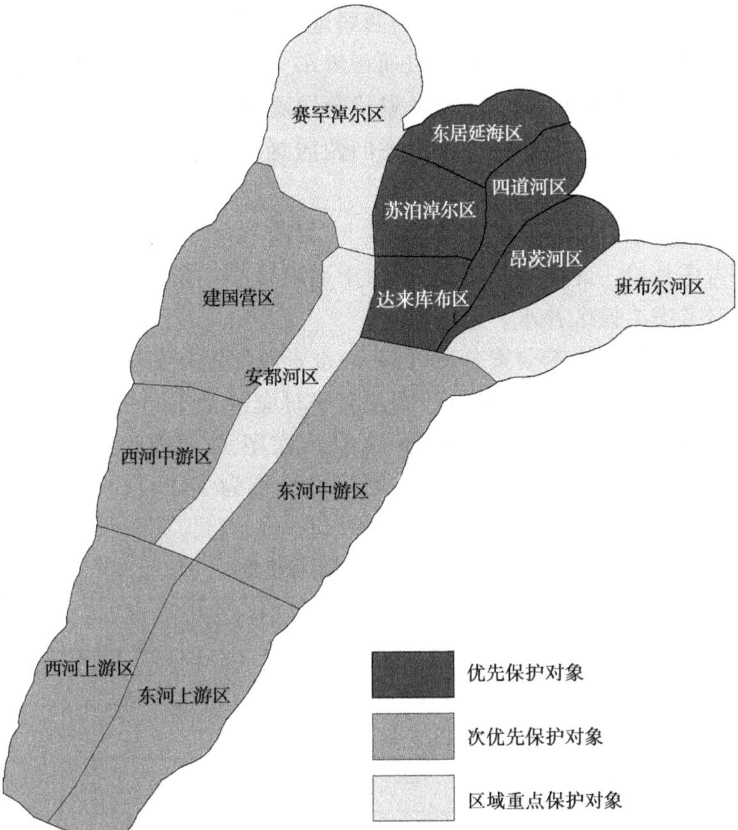

图5-7 额济纳三角洲各区域保护优先次序

5.2.4.1 优先保护对象

额济纳三角洲分布有中国重要湿地(东居延海湿地)和国家自然保护区(额济纳胡杨林国家自然保护区)。东居延海湿地为鸟类提供了栖息地,维持了当地生态平衡,具有重要的生态功能,维持东居延海不干涸是黑河河流健康生命的重要标志,也是黑河生态的调度目标之一。额济纳胡杨林国家自然保护区属于野生植物类型自然保护区,区内的胡杨不仅是抗御风沙、保护三角洲的沙漠勇士,更由于它具有惊人的抗干旱、御风沙、耐盐碱的能力,能顽强地生存繁衍于沙漠之中,而被人们赞誉为“沙漠英雄树”。保护区有重要的林木防风固沙、生物物种资源保护、涵养水源、固碳制氧贮养、净化环境、保育土壤等生态功能及景观游憩与生态文化价值,因此东居延海湿地和额济纳胡杨林国家自然保护区为额济纳三角洲的优先保护对象。

5.2.4.2 次优先保护对象

由遥感解译结果可知,植被、水体基本上沿河流和渠系延伸,东河上游区、东河中游区、西河上游区、西河中游区都呈狭长带状分布,建国营区绿洲部分较为集中,是次优先保护对象。

5.2.4.3　区域重点保护对象

赛罕淖尔区位于西河的最末端,尾闾西居延海已干涸多年,目前干枯的湖底大部分地区为龟裂盐壳覆盖,属坚硬的地表,可以通行汽车,无起沙威胁。但在原湖泊沿岸地带,经风力作用,地表为砂砾覆盖,形成砂砾戈壁或薄层流沙;在东、西河入湖口生长着红柳等植被,鉴于补给湖泊水量需求很大,暂不考虑向西居延海补水,赛罕淖尔区的散布植被可通过地下水补给。

安都河区位于东、西河中间的戈壁荒漠上,目前三角洲全部靠渠系补给,因此在来水量偏丰时可考虑补给。此外,班布尔河区由于远离核心三角洲区,属于三角洲边缘区,可在来水偏丰时考虑给该区补水。

根据水资源配置的影响要素分析可知,在水资源配置方案编制过程中,需要考虑不同的来水情境及其过程,在考虑保护目标优先次序时应结合不同来水情景进行目标权重赋值,而不能进行固化。为此,可根据不同保护优先次序,按照彼此重要程度,提出三种目标权重,优先、次优先和重点保护的三种目标权重分别为 1∶1∶1、4∶3∶2、2∶1∶0,如表 5-8 所示。

表 5-8　不同目标权重

保护层次	目标权重		
	权重 1	权重 2	权重 3
优先	1	4	2
次优先	1	3	1
重点保护	1	2	0

考虑到平水年和枯水年重点保护区域要优先保障优先保护区域,因此重点保护区域需在丰水年和特丰年进行补水,基于以上考虑,丰水年按权重 1 进行配置,平水年按权重 2 进行配置,枯水年按权重 3 进行配置。

5.3　现状工程条件下水资源配置方案编制

根据前述分析,为了减少渗漏损失,应在各时段调度中尽量大流量下泄,并且尽力延长过流时长,狼心山断面过流量就有调控余地。在水头到达不了狼心山断面的极端情况下,仅考虑鼎新灌区用水。在狼心山断面过流量达 0.3 亿 m^3 以上时,能够向东居延海补水,在实际的调度配置中,可根据不同调度时段的来水采取不同的策略。

在来水偏丰情景下,东、西河基本按照 65∶35 分配,基本保障东河有 3.66 亿 m^3,其余水量用于补充西河。总体来说,水量是富裕的,需要将水量用于三角洲边缘地区和生态脆弱地区,如班布尔河区和赛罕淖尔区。

在平水情景即来水量为 4.20 亿 m^3 的情况下,东、西河基本按照 70∶30 分配,基本保障东河有 2.94 亿 m^3,其余水量用于补充西河。总体来说,进入东河的水量基本能维持东河现有生态状况，但西河的水量仅为 1.26 亿 m^3，因此西河沿线三角洲需多依赖地下水。

在来水偏枯情景下，优先考虑向东居延海输水，在东居延海入湖水量形成一定水面的情况下，其余水量可优先补充东河沿岸三角洲，西河仅能少量过水。东、西河基本按照 80:20 分配，基本保障东河有 2.12 亿 m^3，用于补充西河的水量为 0.63 亿 m^3。总体来说，需要严格管理进入东河的水量，使其全部用于维持生态，由于西河的水量仅为 0.63 亿 m^3，因此西河沿线三角洲需多依赖地下水。

5.3.1　25%保证率来水条件下配置方案

根据实际情况，东、西河利用现有水利工程配水，在来水量较小时可通过河道补水，一方面为东、西河上游区和中游区补水，另一方面通过河道也可补给下游区地下水，各支渠按照设计流量引水进入片区，河道长度按支渠长度计，25%保证率来水条件下水资源配置方案确定的各子区配水量见表 5-9。

表 5-9　狼心山断面过水 5.63 亿 m^3 条件下水资源配置方案的水量分配　单位：亿 m^3

东河区	东河上游区	东河中游区	达来库布区	苏泊淖尔区	东居延海区	四道河区	昂茨河区	班布尔河区	合计
11 月至翌年 3 月	0.25	0.10	0.14	0.17		0.14	0.10	0.10	1.00
4~6 月	0.05	0.02	0.03	0.03		0.02	0.02		0.17
7 月	0.06	0.03	0.04	0.03		0.04	0.02	0.01	0.23
8 月	0.08	0.02	0.07	0.09	0.10	0.07	0.05	0.03	0.51
9~11 月	0.15	0.09	0.25	0.32	0.46	0.20	0.22	0.06	1.75
合计	0.59	0.26	0.53	0.64	0.56	0.47	0.41	0.20	3.66
西河区	西河上游区	西河中游区	建国营区	安都河区	赛罕淖尔区				合计
11 月至翌年 3 月	0.23	0.18	0.18	0.05	0.05				0.69
4~6 月	0.07	0.05	0.05						0.17
7 月	0.12	0.10	0.10	0.01					0.33
8 月									0
9~11 月	0.20	0.20	0.20	0.11	0.07				0.78
合计	0.62	0.53	0.53	0.17	0.12				1.97

25%保证率来水条件下，狼心山断面年来水量可达 5.63 亿 m^3，东河分配 3.66 亿 m^3、西河分配 1.97 亿 m^3。对各调度时段来水来说，冬四月狼心山断面基本过水 1.69 亿 m^3，冬四月来水较为稳定，东、西河基本按照 3∶2的比例分流，东河过水 1.00 亿 m^3、西河过水 0.69 亿 m^3；4~6 月过水量较小，仅为 0.34 亿 m^3，东河分配 0.17 亿 m^3，其余水量分配给西河；7 月来水量为 0.56 亿 m^3，东、西河按照 2∶3分配；8 月来水量为 0.51 亿 m^3，全部通过东河补给绿洲核心区；9 月到调度年结束时狼心山断面来水约 2.53 亿 m^3，东、西河大约按 3∶2的比例分配，目的是将水量用于三角洲边缘地区和生态脆弱地区，巩固和扩大三角洲规模。

对于东河而言，东居延海水量可安排在 8 月进入 0.1 亿 m^3，9~11 月上旬进入 0.46 亿 m^3，合计 0.56 亿 m^3；在考虑进入东居延海水量后，对于东河而言，水量通过东河上游区和中游区后基本通过昂茨河进行统一调配，昂茨河可分别向三角洲核心区（达来库布区、苏泊淖尔区、四道河区和昂茨河区）及班布尔河输水，各时段分水情况见表 5-9。

对于西河而言，主要配水区域为建国营区和西河上游区、西河中游区，通过西河中游区后的水量可将大部分向建国营区分配，将一少部分分配给安都河区，流向建国营区的水量在保障该区域生态用水基础上可向赛罕淖尔区分配。在狼心山西河来水量较小的情况下可由河道补水，在补给西河上游区和中游区的同时，也可通过地下水补给下游区。各时段分水情况见表 5-9。

5.3.2 50%保证率来水条件下配置方案

50%保证率来水条件下，狼心山断面年来水量可达 4.20 亿 m^3，东河安排 2.94 亿 m^3、西河分配 1.26 亿 m^3；对各调度时段来水来说，冬四月狼心山断面基本过水 1.47 亿 m^3，冬四月来水较为稳定，东、西河基本按照 3∶2的比例分流，东河过水 0.88 亿 m^3、西河过水 0.59 亿 m^3；4~6 月过水量较小，仅为 0.25 亿 m^3，东河分配 0.20 亿 m^3，其余水量分配给西河；7 月来水量为 0.38 亿 m^3，东河、西河按照约 1∶1分配；8 月水量为 0.34 亿 m^3，全部通过东河补给绿洲核心区；9 月到调度年结束时狼心山断面来水量约 1.76 亿 m^3，东、西河大约按 3∶1的比例分配，目的是保障东河核心绿洲区和东居延海水面。

对于东河而言，东居延海水量可安排在 11 月 11 日至翌年 3 月进入 0.04 亿 m^3，8 月进入 0.01 亿 m^3，9 月至 11 月上旬进入 0.40 亿 m^3，合计 0.45 亿 m^3；在考虑进入东居延海水量后，对于东河而言，水量通过东河上游区和中游区后基本通过昂茨河进行统一调配，昂茨河可分别向绿洲核心区（达来库布区、苏泊淖尔区、四道河区和昂茨河区）及班布尔河输水，各时段分水情况见表 5-10。

对于西河而言，主要配水区域为建国营区和西河上游区、西河中游区，通过西河中游区后的水量可将大部分水量向建国营区分配，将一少部分水量分配给安都河区，流向建国营区的水量在保障该区域生态用水的基础上可向赛罕淖尔区分配。在狼心山西河来水量较小的情况下可由河道补水，在补给西河上游区和中游区的同时，也可通过地下水补给下游区。各时段分水情况见表 5-10。

表 5-10　狼心山断面过水 4.20 亿 m^3 条件下水资源配置方案的水量分配　单位:亿 m^3

东河区	东河上游区	东河中游区	达来库布区	苏泊淖尔区	东居延海区	四道河区	昂茨河区	班布尔河区	合计
11 月至翌年 3 月	0.16	0.08	0.14	0.17	0.04	0.14	0.10	0.05	0.88
4~6 月	0.06	0.03	0.03	0.04		0.02	0.02		0.20
7 月	0.04	0.02	0.04	0.02		0.04	0.02		0.18
8 月	0.04	0.02	0.07	0.08	0.01	0.07	0.05		0.34
9~11 月	0.08	0.05	0.17	0.24	0.40	0.20	0.15	0.05	1.34
合计	0.38	0.20	0.45	0.55	0.45	0.47	0.34	0.10	2.94
西河区	西河上游区	西河中游区	建国营区	安都河区	赛罕淖尔区				合计
11 月至翌年 3 月	0.26	0.20	0.09	0.02	0.02				0.59
4~6 月	0.02	0.01	0.02						0.05
7 月	0.10	0.05	0.05						0.20
8 月									0
9~11 月	0.10	0.14	0.10	0.05	0.03				0.42
合计	0.48	0.40	0.26	0.07	0.05				1.26

5.3.3　75%保证率来水条件下配置方案

75%保证率来水条件下,狼心山断面年来水量可达 2.66 亿 m^3,东河分配 2.03 亿 m^3、西河分配 0.63 亿 m^3;对各调度时段来水来说,冬四月狼心山断面基本过水 1.06 亿 m^3,冬四月来水较为稳定,东、西河基本按照 7∶3的比例分流,东河过水 0.76 亿 m^3、西河过水 0.30 亿 m^3;4~8 月过水量都较小,4~6 月仅为 0.16 亿 m^3,7 月仅为 0.08 亿 m^3,8 月仅为 0.03 亿 m^3,狼心山断面来水全部通过东河;9 月到调度年结束时狼心山断面来水约 1.33 亿 m^3,东、西河大约按 3∶1的比例分配,目的是保障东河核心绿洲区和东居延海水面。

对于东河而言,东居延海水量仅能在 9 月至 11 月上旬进入 0.35 亿 m^3;在考虑进入东居延海水量后,对于东河而言,水量通过东河上游区和东河中游区后基本通过昂茨河进行统一调配,昂茨河可分别向绿洲核心区(达来库布区、苏泊淖尔区、四道河区和昂茨河区)输水,各时段分水情况见表 5-11。

对于西河而言,主要配水区域为建国营区和西河上游区、西河中游区,由于西河上游区和中游区位于建国营区上游,因此需尽量向建国营区配水。在此基础上,可在来水量较小的情况下由西河河道补水,在补给西河上游区和中游区的同时,也可通过地下水补给下游区。各时段分水情况见表 5-11。

表 5-11　狼心山断面过水 4.59 亿 m^3 条件下水资源配置方案的水量分配　单位：亿 m^3

东河区	东河上游区	东河中游区	达来库布区	苏泊淖尔区	东居延海区	四道河区	昂茨河区	班布尔河区	合计
11月至翌年3月	0.04	0.02	0.19	0.19		0.17	0.15		0.76
4~6月	0.02	0.01	0.03	0.05		0.04	0.01		0.16
7月	0.05	0.03							0.08
8月	0.02	0.01							0.03
9~11月	0.06	0.03	0.13	0.18	0.35	0.15	0.10		1.00
合计	0.19	0.10	0.35	0.42	0.35	0.36	0.26		2.03
西河区	西河上游区	西河中游区	建国营区	安都河区	赛罕淖尔区				合计
11月至翌年3月	0.10	0.10	0.10						0.30
4~6月									0
7月									0
8月									0
9~11月	0.11	0.11	0.11						0.33
合计	0.21	0.21	0.21						0.63

5.3.4　其他来水条件下配置思路

5.3.4.1　特丰年来水条件下

在特丰年来水条件下，进入狼心山断面的水量会大量增多，水量增多的部分多为7月、8月的洪水来水过程和9月至11月上旬的连续调度过程，可考虑在此时间段内将来水向绿洲脆弱区及边缘绿洲区配置。对于东河而言，可考虑向核心绿洲区北部及东部的绿洲脆弱区及边缘区配置，如向天鹅湖、沫浓湖、班布尔河下游雅布赖等地区配置；对于西河而言，可尝试向西河尾闾西居延海补水，沿途能够向聋子河下游七号山、小海子等区域补水。

5.3.4.2　特枯年来水条件下

在特枯年来水条件下，进入狼心山断面的水量很少，比较稳定的来水也只有冬四月这个时段。在来水量很少的情况下只能优先保障东居延海不干涸和绿洲核心区，因此全部来水都需通过渠道进入绿洲核心区，进入绿洲核心区的水量也需要尽力向尾闾东居延海输水。根据狼心山东河来水量和输水效率估算,东居延海能够补水 0.3 亿 m^3。

5.3.4.3 连续特枯年或枯水年来水条件下

在连续特枯年来水条件下,东居延海存在干涸的可能性,对于核心绿洲区而言,地表水对绿洲仅有三年的显著影响期,需要未雨绸缪,开源节流。一方面需要对东居延海进行工程治理,通过覆盖具有削弱蒸发能力的材料或水生植物来减少蒸发,也可通过工程论证对湖区进行结构改造,减小蒸发面积;另一方面需要在黑河上游考虑外流域调水工程。

第 6 章 水生态保护与修复措施

本章主要针对东居延海提出了减少东居延海泥沙淤积、减少湖面蒸发、改善东居延海水动力条件、控制内源污染等工程措施和东居延海湿地保护的非工程措施等。

6.1 减淤工程措施

6.1.1 淤积成因分析

东居延海区域现状地貌如图 6-1 所示，黑河入湖口在湖泊最南端，西北端有人工修建的观景台，岸边芦苇丛生；东居延海西岸为“东达乌苏”古河道，曾与西居延海相连；周边大部分地域为戈壁，植被稀少。东居延海位于额济纳三角洲东河水系末端，如图 6-2 所示。据测算，自 2000 年黑河水量调度以来，多年平均年入东居延海泥沙量约为 60 t。水沙的可能来源主要有两方面：一是来自上游来水挟沙，二是来自入境河水沿程冲淘河道造成河水挟沙。

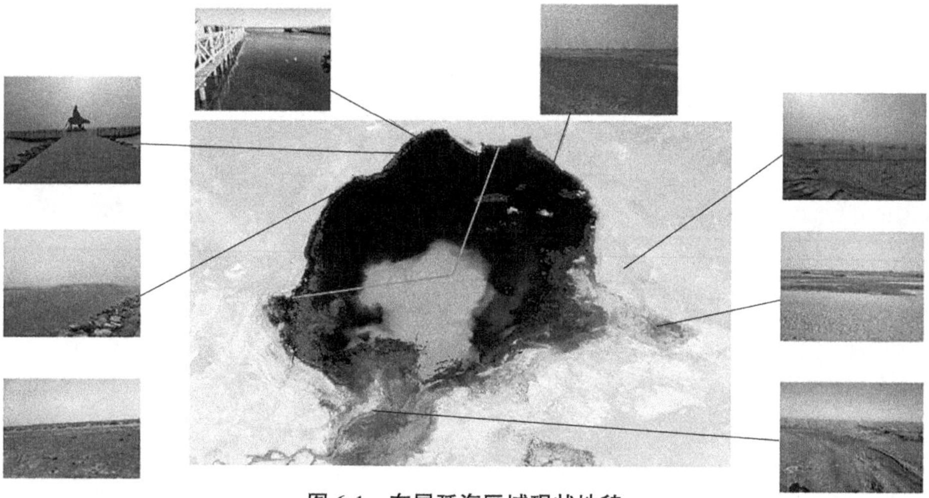

图 6-1 东居延海区域现状地貌

根据《内蒙古阿拉善盟额济纳旗东河下游入居延海段河道治理工程初步设计报告》（内蒙古丰森水务工程有限公司，2019），黑河狼心山断面多年平均悬移质输沙量 87.6 t；黑河狼心山断面多年平均径流量 45 000 万 m^3，多年平均入东居延海水量 6 752 万 m^3，若按来水挟沙沿程不发生沉积计，狼心山来水入东居延海泥沙量为 13 t，则狼心山断面入湖泥沙贡献率最大仅为 22%，入东居延海至少 78% 的泥沙是入境河水对狼心山断面以下冲淘河道造成的。根据本次东居延海淤积区湖区泥沙采样结果，所有样点入湖淤积泥沙

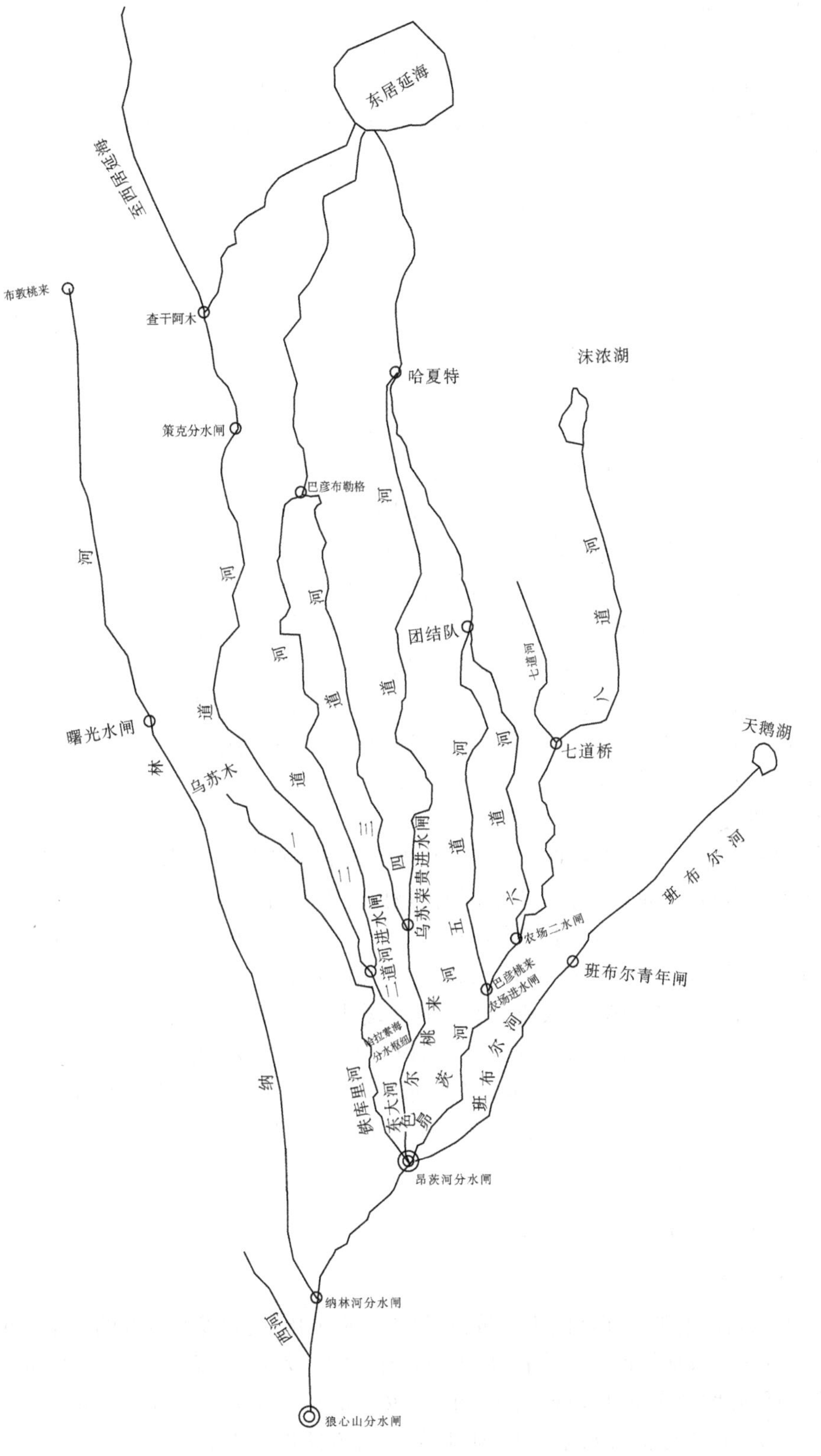

图 6-2　黑河流域额济纳三角洲东河水系示意图

D_{50} 均小于 0.011 mm，近 40%样点泥沙 D_{50} 在 0.005 mm 以下，说明黑河入东居延海挟沙绝大多数为淤泥、黏土等细小颗粒泥沙。黑河狼心山至入东居延海河段位于黑河下游，地势平坦，自上而下河道比降渐缓、河道渐宽，流速及水流挟沙能力也渐行渐小，特别是进入粗颗粒泥沙，随挟沙能力减弱沿程沉积，因此只有粒径最小的泥沙颗粒才能够最终进入东居延海。同样，实际上自狼心山断面以上来水挟沙也不可能全部为细小颗粒，扣除沿程沉降大、中颗粒泥沙，最终狼心山断面挟沙能够进入东居延海的泥沙量小于 13 t，若按沿程沉积 30%计，狼心山断面入湖泥沙贡献率仅为 15%，河流自狼心山断面以下冲淘河道泥沙入湖量达 85%。

另外，根据沿入境河岸现场查勘，额济纳境内黑河段上游沿岸区地貌主要以戈壁、荒漠为主，下游约至昂茨河闸以后进入绿洲地段，地势更加平坦，冲湖积地貌特征也更加明显；据此初步判断，蓝色入湖通道上游区滩岸岩性沙含量相对较高，而下游区滩岸黏土含量相对较高，即入湖细粒泥沙更多来自下游近湖河段。

经现场调研，听取当地水利管理部门意见，结合东居延海区域万分之一地形图、卫星影像图等资料，分析认为，东居延海淤积问题主要成因可总结为以下几个方面：

(1)上游下泄过程不均衡，间歇大流量下泄，来水泥沙含量较大，加之河道坡降较陡，河道流速大，河床土质较细，对黑河入境河道造成冲刷。

(2)蓝色入湖通道为洪积倾斜平原的堆积地貌和复合式沙丘的风成地貌，河道蜿蜒曲折、宽窄不一，每遇上游汛期泄洪或生态补水期短期集中放水，主流摆动剧烈。蓝色入湖通道两岸均为土质岸坡，未做防护工程，凹岸被冲淘很快发育为极不稳定的侵蚀岸坎，两岸胡杨林林木也因滩岸遭淘刷而倒伏。入湖通道两岸受冲淘塌岸严重，同时由于沿岸农牧民取水灌溉随意打坝拦河，造成水流路径紊乱且局部壅高水位，毁坝时短期大流量过程二次挟沙入湖。

蓝色入湖通道冲刷塌岸严重的问题已引起当地水利主管部门的高度重视，额旗水利局积极采取工程措施，已通过“内蒙古内陆河流域黑河下游河道治理工程”(已建)兴建河道护岸工程 20.0 km，“东居延海段河道治理工程”(待审)兴建护岸工程约 5.0 km。但因投资有限，目前依然有 9.0 km 河道险段未做防护(见图 6-3)。

(3)河水垂直进入东居延海，水流未经过有效缓冲，泥沙集中沉积于湖区中心深水区位置，造成东居延海平均水深逐渐减小、水面面积增大，湖泊蒸发量增大。

(4)东居延海北侧山洪沟近年来也时有洪水发生，因该地区地处荒漠，地面植被覆盖率低，每次山洪沟洪水均挟带大量泥沙入湖。据测算，东居延海北侧山洪沟多年平均年入东居延海泥沙量为 5~10 t。

6.1.2　减淤工程措施

6.1.2.1　沉沙措施

东居延海入湖口处现状泥沙淤积严重，地势进一步坦化，现状发育良好的芦苇是单优势种湿地群落；该区域常年地下水位较高，开挖困难，本次设计在入湖口上游 4.0 km 河道较宽处依顺地形开挖形成沉沙段两处，沉沙段宽 300 m、长 1 000 m，在现状河底基础上下挖 1.5 m。沉沙段可有效减缓水流速度、加速落淤，且方便集中清淤。

图 6-3　蓝色入湖通道未防护险段

根据张瑞瑾及吴保生(张瑞瑾,2002)等含沙水流悬移质挟沙能力公式[式(6-1)、式(6-2)]估计,沉沙段河道变宽、河流流速减缓后,河流挟沙力将减小 90%～95%。另据张瑞瑾泥沙清水沉速公式(式 6-3)及黄委会黄科院泥沙沉降关系资料(本次据资料线性内插估算,沉降段泥沙群体沉速/清水沉速＝1. 16)估计,河流经过沉沙段,粒径大于 0. 016 6 mm 的泥沙将基本全部落淤;而通过沉沙段对水流挟沙能力的削弱,也将提高沉沙段后泥沙的落淤比例,从而进一步削减入湖泥沙总量。经上述分析可知,沉沙段可有效减缓水流速度,加速落淤,且方便集中清淤。沉沙段建成后只改变河流流速不改变流向,对河流入湖无不利影响。本节泥沙相关计算采用的水利要素,参考《内蒙古阿拉善盟额济纳旗东河下游入居延海段河道治理工程初步设计报告》(内蒙古丰森水务工程有限公司,2019)近入湖河段造床流量等进一步计算获得。

张瑞瑾含沙水流挟沙力公式:

$$S^* = k\left(\frac{\gamma'}{\gamma_s - \gamma'}\frac{v^3}{gR\omega_s}\right)^m \tag{6-1}$$

吴保生等水流挟沙力公式:

$$S^* = 0.426\left(\frac{\gamma'}{\gamma_s - \gamma'}\frac{v^3}{gR\omega_s}\right)^{0.763} \tag{6-2}$$

张瑞瑾泥沙清水沉降速度公式:

$$\omega_s = \sqrt{\left(13.95\frac{\nu}{d}\right)^2 + 1.09\frac{\gamma_s - \gamma}{\gamma}gd} - 13.95\frac{\nu}{d} \tag{6-3}$$

式中:S^* 为水流挟沙能力;k 为经验系数;γ' 为浑水容重;γ_s 为泥沙容重;v 为河流流速;g 为重力加速度;R 为水力半径;ω_s 为群体沉速;m 为经验指数,本次取 3.0;ν 为水动力黏滞系数;γ 为水的容重;d 为泥沙颗粒粒径。

根据现状岸坡沉沙段两岸边坡确定为 1:2.5,采用 40 cm 厚格宾石笼护坡,沉沙段护脚采用 40 cm 厚格宾石笼水平护底,考虑到清淤需要格宾石笼护底,底部每隔 200 m 加设厚 0.6 m、宽 10 m 抛石护底(见图 6-4)。

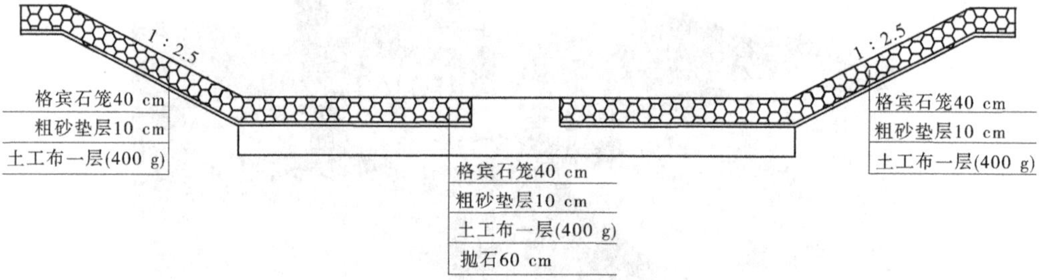

图 6-4　沉沙段横断面图

沉沙段投资匡算:沉沙段主要工程量及投资见表 6-1。

表 6-1　沉沙段主要工程量及投资匡算

项目	数量/万 m^3	投资/万元
土方开挖	167.4	837
40 cm 厚格宾石笼	5.088	1 831.68
砂砾石垫层	1.908	152.64
无纺布	12.72	63.6
抛石	2.16	432
生态毯		
合计		3 316.92

6.1.2.2　护岸工程措施

目前,蓝色入湖通道已通过“内蒙古内陆河流域黑河下游河道治理工程”项目修建护岸工程 20.0 km,位于居延海水文站上游;"东居延海段河道治理工程"项目计划兴建护岸工程约 5.0 km,位于查干阿木水闸下游;居延海水文站至查干阿木水闸约有 4.0 km 河道两岸未做防护,查干阿木水闸下游 5 km 以后至入湖口约 5.0 km 河道两岸未做防护。

蓝色入湖通道护岸工程措施拟新建河道两岸护岸约 9.0 km(两岸共计 18.0 km),护岸工程结构形式参照已建工程结构形式,两岸边坡根据现状岸坡确定为 1∶2,采用 40 cm 厚格宾石笼护坡,护脚采用 40 cm 厚格宾石笼水平护底,格宾石笼护底底部加设厚 0.6 m 的抛石护底。

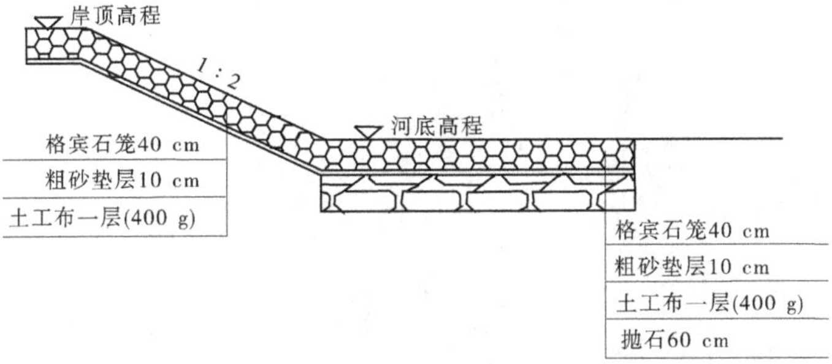

图 6-5 蓝色入湖通道护岸横断面图

蓝色入湖通道护岸工程主要工程量及投资见表 6-2。

表 6-2 蓝色入湖通道护岸工程主要工程量及投资匡算

项目	数量/万 m^3	投资/万元
土方开挖	3.6	18
40 cm 厚格宾石笼	12.6	4 536
砂砾石垫层	4.725	378
无纺布	31.5	157.5
抛石	15.12	3 024
合计		8 113.5

6.1.2.3 北侧山洪沟减淤措施

东居延海北侧山洪沟发源于境外(蒙古国),对山洪沟进行沿途治理困难较大,且地处荒漠地区,各类水保措施养护成本较高,因此建议在山洪沟末端选择适当位置修建淤地坝拦沙、滞洪、淤地工程以减少山洪沟入湖泥沙。

山洪沟末端可修建淤地坝一座,根据地形及洪水分析,工程属小(2)型库坝工程,工程等级为 5 级,防洪设计标准为 20 年一遇洪水,200 年一遇校核洪水,设计淤积年限为 15 年。工程主要由大坝、溢洪道和斜卧管组成,大坝采用均质土坝,防洪库容 41.2 万 m^3,淤泥库容 33.9 万 m^3。

淤地坝工程投资约 210 万元。

6.1.2.4 导流隔堤工程措施

改善湖区水流条件工程措施，主要通过在湖中修建导流隔堤改变和延长水流路径实现。通过卫星遥感图片发现，现状泥沙主要沉积于东居延海湖中心位置，考虑东居延海西北侧水深较大，已建有景观栈道等旅游设施，沉沙应尽可能保留湖区西北侧水域，因此导流隔堤沿居延海东南侧布置（见图6-6）。

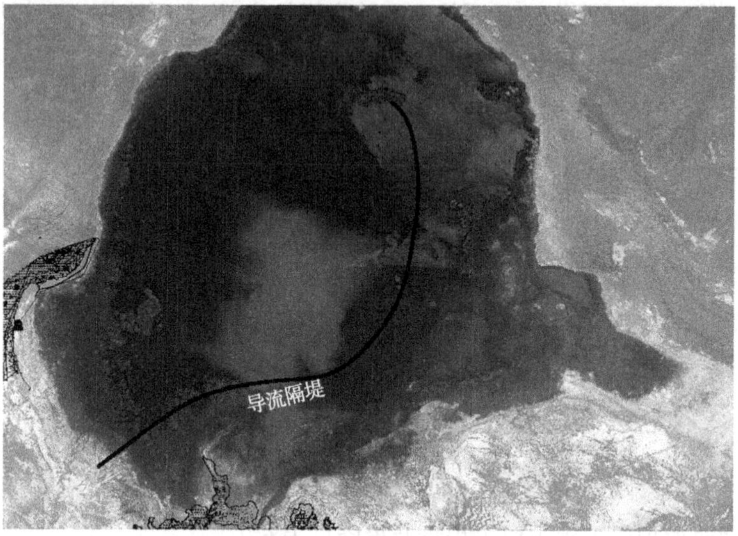

图 6-6　导流隔堤位置

导流隔堤改变了挟沙水流路径，可以使部分泥沙由原来沉积于居延海水深较大的湖心位置改变为沉积于居延海东岸；同时，入湖水流路径的改变与延长可改善湖水水动力条件，进而改善水质。

导流隔堤采取土堤形式，堤顶高程高于湖面 1.0 m，堤顶宽 12.0 m，两侧边坡采用 1∶5，可沿隔堤两侧边坡栽植水生植物增加生态效果（见图6-7）。

图 6-7　导流隔堤断面图

6.1.2.5　湖区机械清淤措施

东居延海湖区地形为“浅碟状”，水深浅且入海子泥沙粒径相对较小，从长远清淤需求角度考虑湖区配置小型挖泥船，对湖区淤积严重的区域定期进行适当吸泥清淤。这种清淤方式相对灵活且能定期多次清淤，对恢复东居延海深水区水深效果更好。需要注意的是，在采用挖泥船清淤时，应通过复核湖区生态及底泥调查成果，开展清淤对湖区水生态环境影响研究，选择适当的时段及清淤范围，避免对水生生态系统造成显著不利影响。

挖泥船投资见表6-3。

表6-3　挖泥船投资

项目	单位	数量	投资/万元
小型挖泥船	艘	1	30
年运行管理费用	年	1	5

6.2　减少水面蒸发损失工程措施

东居延海水深较浅、水面大,水资源利用效率很低,大量珍贵的水资源被蒸发消耗。为了有效利用当地水资源,满足工农业用水需求,减少东居延海水面的无效水分蒸发,提高东居延海的库存能力,有必要采取有效的减少水面蒸发的工程措施。

6.2.1　工程措施选取原则

(1)适用性原则。东居延海地处我国西北干旱区,冬季严寒少雪,夏季蒸发强烈,风沙侵袭强烈。因此,采取的减少水面蒸发工程措施不仅要确保在不同季节的处理效果,还要兼顾抵挡风沙侵袭的特点。

(2)经济性原则。一方面,东居延海地处内陆地区,是经济欠发达地区,交通不便,在以后工程持续运行中,相关设施安装不易,同时运行费用相对不低;另一方面,东居延海水面面积目前常年保持在35 km^2以上,布设工程规模较大,相应的基建费用较高。因此,采取的工程措施在保证处理效果的基础上,尽量保证工程一次性投资低、运行维护费用少、管理方便。

(3)生态性原则。采用的处理方法应从生态修复的原理和方法出发,在保证不产生二次污染的前提下,保障东居延海的生态平衡和可持续性发展,将减少水面蒸发与环境生态建设相结合。

(4)美观性原则。东居延海湿地自身多样而又独特的自然风光在金色胡杨、黑城文化等旅游景区的依托下,每年都吸引了国内外许多游客,美学价值明显。因此,采取的工程措施应不影响东居延海美学价值。

6.2.2　工程措施

为减少东居延海水面的无效水分蒸发,在此提出铺洒化学试剂、种植水生植物、物理材料覆盖、生态浮岛覆盖、环状沟渠等五种方法进行方案比选。

6.2.2.1　铺洒化学试剂

1.原理及实用效果

铺洒化学试剂是通过铺洒具有特殊性能的化学试剂(多为醇类、酯类等)来消减水面蒸发,这类化学试剂具有在水面上自发扩散而形成不溶于水的分子膜,即利用自身的阻碍作用和分子膜在水面上所形成的表面压力而降低水蒸气从水面逸出的能力。一般普遍运用的化学试剂有两种:一种是十六醇乳液体系,当其表面浓度为0.8 g/m^2,室外试验时间长达 15 d 时，抑制率依旧可保持在 50%左右；另一种是高链脂肪醇单分子膜，在平均风速小于 3.0 m/s 时，设置漂浮网格的单分子膜抑制剂的阻蒸发效率能够达到 26%～30%。

2. 方案设计

1）铺设方案

东居延海具有养殖、旅游等多种功能，因此不能在东居延海进行完全单分子膜的铺设，需采用局部覆盖的方法。

单分子膜在实际铺设中，会受到风浪的影响而出现集聚和破坏的情况，减少风浪对单分子膜的影响是十分重要的，因此需利用漂浮网格加单分子膜结合进行铺设。

2）漂浮材料

基于经济性、适用性原则，综合考虑物理和化学性质，可使用 EPE 珍珠棉为漂浮网格外层漂浮材料。这种材料具有不吸水、质量轻、浮力大、耐气候性、可塑性能佳、韧性强、抗化学性、循环再造、环保和抗撞力强等优点，同时其表面光滑、有蜡质特性，被水浸湿后，在表面张力的作用下水会在表面凝结成水珠，在重力的作用下快速落入水体，防止受风浪打湿后增加蒸发面积的情况发生。

3）骨架材料

为了使漂浮网格保持设计的形状，并且具有一定的抗形变能力，网格的骨架选用具有较强的抗氧化和耐腐蚀能力的 8#镀锌钢性铁丝。加工工艺简单，能达到相应的抗形变要求，加工成三角形之后有一定抵抗变形的能力，符合要求。

4）漂浮网格组成结构

为了将单分子膜阻蒸发技术应用于东居延海等大面积水体，在实际使用中减少风浪对单分子膜的影响是很有必要的，因此在此设计一种漂浮网格（见图 6-8～图 6-10），一方面使单分子膜被限制在面积较小的单元格内，风浪影响下的聚集现象也被局限于单元格内，从而使风力减小时单分子膜会自我修复，在短时间内再次铺满单元格，恢复阻蒸发能力；另一方面漂浮网格对风力有阻挡作用，使波浪不易在水面形成，阻碍波浪前进，为单分子膜附着提供了稳定的环境。

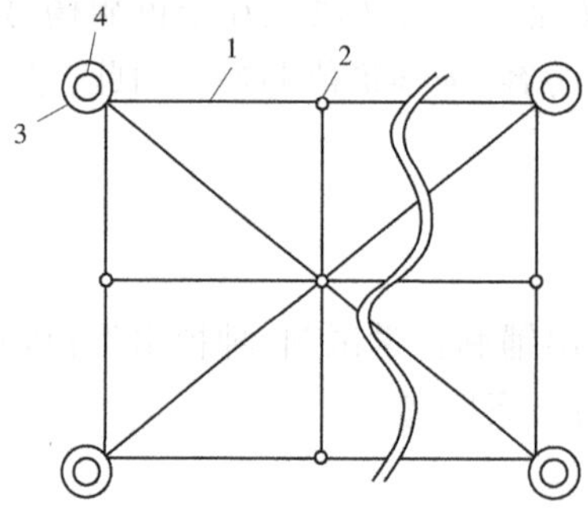

1—EPE 珍珠棉板；2—钢丝扣，即单个漂浮网格连接处；3—圆环；4—有水面固定的空隙。

图 6-8　漂浮网格主视结构示意图

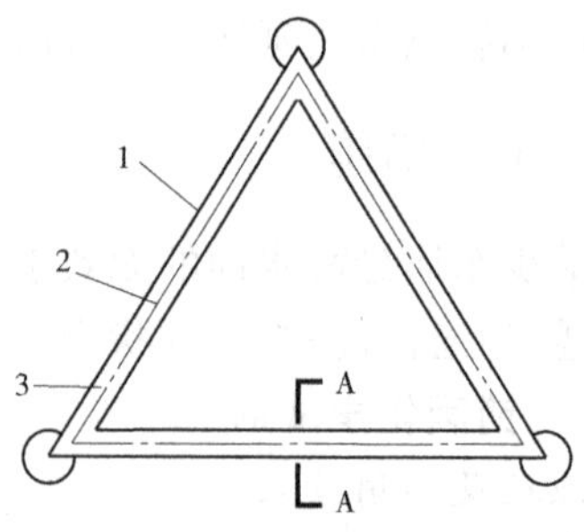

1，2—EPE 珍珠棉板；3—镀锌铁丝。

图 6-9　漂浮网格三角形单元主视结构示意图

6.2.2.2　种植水生植物

1. 原理

在水面种植适宜生长的水生植物,利用水生植物减少阳光直射水面面积,从而减少蒸发量。

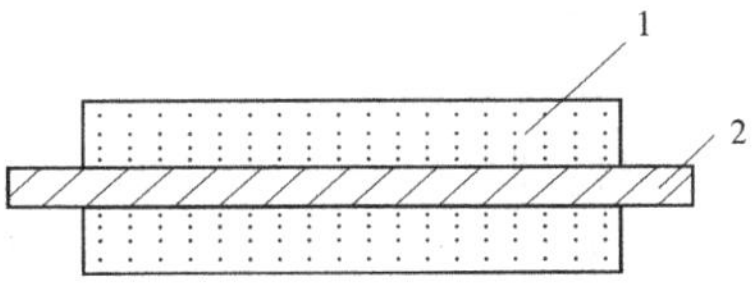

1—EPE 珍珠棉板;2—镀锌铁丝。

图 6-10　剖视图

2. 方案设计

1) 铺设方案

(1) 植物选择。

选择的植物需为适宜在东居延海生长的多年生水生植物, 具有较强的治污净化能力及繁殖能力,且对东居延海无法造成生物入侵的危害,因此选择浮萍、抗旱抗寒性荷花等植物。同面积种植水生植物的水面蒸发量在 5～10 月(蒸发量为 0.59 亿 m^3)可比净水面蒸发量减少 10%～30%。

(2) 布设方案。

浮萍:从浮萍自然生长的水域中 1 亩地引种 30～50 kg,3～5 d 后就可繁殖到整个生产水域。辅助设施建设:参照网围养鱼的围网,将作为主支架的竹篙隔 3 m 固定一个,后用以网绳或竹竿拴结的纱窗固定在竹篙上,纱窗固定水面上下 25 cm 为宜,使浮萍固定于湖面某一位置,架设时需留有便于船只进出的通道,便于采集(见图 6-11)。

抗旱抗寒性荷花:选择东居延海无芦苇湖内区域进行种植,种植时间以春季最佳,每亩种植 200～300 株为宜。种植时同样需留有船只进出通道。

后期需注意及时采收。浮萍繁殖力强、生产量大,应每天采收(按最大持续产量原理每天应捞取总量的 1/3),以防止固萍体数量过多,死亡之后引起的水体恶化,导致浮萍质量下降。抗旱抗寒性荷花除观赏价值外,还可以采摘莲藕、莲蓬等经济作物,取得一定的经济效益。

图 6-11　浮萍布设示意图

2) 造价

种植 1 km^2 的水生植物及后期采摘等费用为 20 万～30 万元。

6.2.2.3 物理材料覆盖

1. 原理及实施效果

利用物理材料覆盖水面可减少外界风和太阳辐射对水面的直接作用，进而可有效抑制水面蒸发。在国内外，物理材料覆盖消减蒸发主要有两种形式：一是通过钢缆将材料悬于水面之上；二是将材料直接铺于水面之上，即利用水的浮力作为材料的支撑。

选取的材料一般有三种：一是将遮光板、泡沫包装片等材料架设于水面之上，覆盖水面减少蒸发效率为90%；二是编制植物席垫，覆盖水池95%、50%的水面面积分别能减少63%、26%的水面蒸发量；三是遮阳球，单位面积节水率可达79.6%，但是受风速影响较大。

以上三种材料中，由于第二种植物席垫会在应用中发生腐烂降解的情况，会对东居延海水环境造成一定的污染，其不具备重复利用的性质，因此下面只针对第一种材料、第三种材料进行方案设计。

2. 方案设计

1）遮光板

（1）材料选取。由于东居延海呈"浅碟状"，水面面积大、水深相对较小，水位变化幅度较大，覆盖水面必须采用密度比水小且不亲水、抗老化、耐腐蚀、无毒性的材料，同时考虑技术上的可操作性和经济上的可行性，以便今后技术的推广应用。因此，最终选取聚苯乙烯泡沫塑料板、聚乙烯软片两种材料。遮光板厚度需达到80 mm，使露出水面的高度保证浮板不能轻易被水浪浸湿上表面。

（2）布设位置及固定。选取东居延海水深处进行遮光板布设，遮光板之间利用8#镀锌钢性铁丝进行固定，外围采用围栏维护，布设时需留有进出通道，以便后期养护。

2）遮光球

（1）材料选取。

选取的遮光球材料同样应具有合适密度、合适强度、憎水、无毒、耐久性强等特点，建议选用直径100 mm，质量50 g（配重5 g，固定于浮球底部）的高密度聚氯乙烯浮球作为防蒸发材料。

（2）布设位置及固定。

布设位置同遮光板布设位置。遮光球底部需加配重，使浮球自身存在重力力矩，风浪中不易上下翻转；外围采用围栏维护使配重浮球紧密排列，以达到其对水面的最大有效覆盖面积；相邻浮球间在最大横截面处形成3点接触，球体之间存在空隙，浮球覆盖下的水面会有约9%的水域处于未覆盖状态。

3）造价

布设1 km^2 的遮光板或遮光球及后期维护等费用为50万~100万元。

6.2.2.4 生态浮岛覆盖

1. 原理及实施效果

生态浮岛，又称人工浮床、人工浮岛、生态浮床，是利用无土栽培技术将植物种植于浮于水面的载体中，通过水生植物的根系对污染物质的吸收，以及附着在根系周围的生物膜和细胞外酶对水体中污染物的降解，达到净化水质的目的，同时营造景观效果。由于浮水植物本身有耗水作用,生态浮岛加浮水遮挡法减少同等面积下 30%~50%的蒸发量。

2. 方案设计

1)设计原则

(1)因地制宜、适地适种原则。因地制宜、适地适种的含义有两点:一是要遵循植物地带性规律,按照当地的气候特征和水质特性选择物种,尽量选择适合当地气候及水质条件的植物。二是要考虑后期管护的问题,选择抗逆性强、自我繁殖和更新能力强的物种作为建群种。

(2)生物多样性原则。生物多样性原则是生态恢复中最重要的原理之一。初期建植的物种作为先锋种,先达到覆盖地表、为整个生态系统恢复创造条件的目的,然后经过自然竞争淘汰,最终逐渐形成适合当地地带性特征的植物群落。

(3)美化景观原则。要考虑水域生态恢复的景观效果。利用植物的形状、颜色、花期、绿期、空间布局等特点,使生态浮岛景观与周围环境相融合,融入自然并成为自然生态的有机组成部分。

2)材料选取

在东居延海湖区内建设生态浮岛。每个浮岛长 4.0 m、宽 2.0 m,间距 0.5 m,单体浮岛可种植生态水草面积为 8 m^2,由四个部分组成,即浮岛下层框架、浮岛上层框架、水下固定装置和水生植物。每个浮岛下层框架由 DN90PVC 管 12.0 m、DN90 异径三通 8 个、DN90-90°弯头 4 个、DN110 三通及定位卡套 4 个、DN50PVC 管 3.5 m(立竖管及中间拉结管)、尼龙网(90 mm×90 mm)11.0 m^2 组成。每个浮岛上层框架由 DN50PVC 管 12.0 m、DN50-90°弯头 4 个、DN50 三通 6 个组成。同时,每个浮岛的下层框架和上层框架及尼龙网的联结通过直径 6 mm 尼龙绳(约 40.0 m)穿拉起来,并用扎带(约 20 根)及扎线(30 根)绑结固定。水下固定装置由 2 根镀锌钢管桩(12.0 m)固定打入湖底水中,并用扎带及扎线绑结固定,桩头露出最高洪水位 20 cm 左右(多余部分去除)。每个浮岛种植挺水植物。

选择的植物需为适宜在东居延海生长的多年生水生植物,具有较强的治污净化能力及繁殖能力。选择不会对东居延海造成生物入侵的植物,可灵活选择荷花、蒲草、芦苇等挺水植物。选择时要充分了解各种水生植物的生长特性,注意株型大小、色彩搭配与植株的观赏风格等协调一致,以及与周围环境相互融合,满足景观空间形态的需求。

3)布设位置及固定

生态浮岛布设位置建议在湖底淤积严重处,减少成本的同时能够利用植物的治污净化能力改善湖泊水体水质。

生态浮岛单元间利用耐候绳索或钢丝绳进行外围固定,辅助布设湖底固定桩或岸边固定桩,浮岛间留有进出通道,以在减缓因水位变动引起的相互碰撞的同时便于船进出及时收割植物。

生态浮岛可布设太阳能发电板生产清洁电力,供给改善东居延海水动力条件的提水泵使用,有助于缩减泵站成本。

固定方式有以下三种,见图 6-12。

生态浮岛效果图见图 6-13。

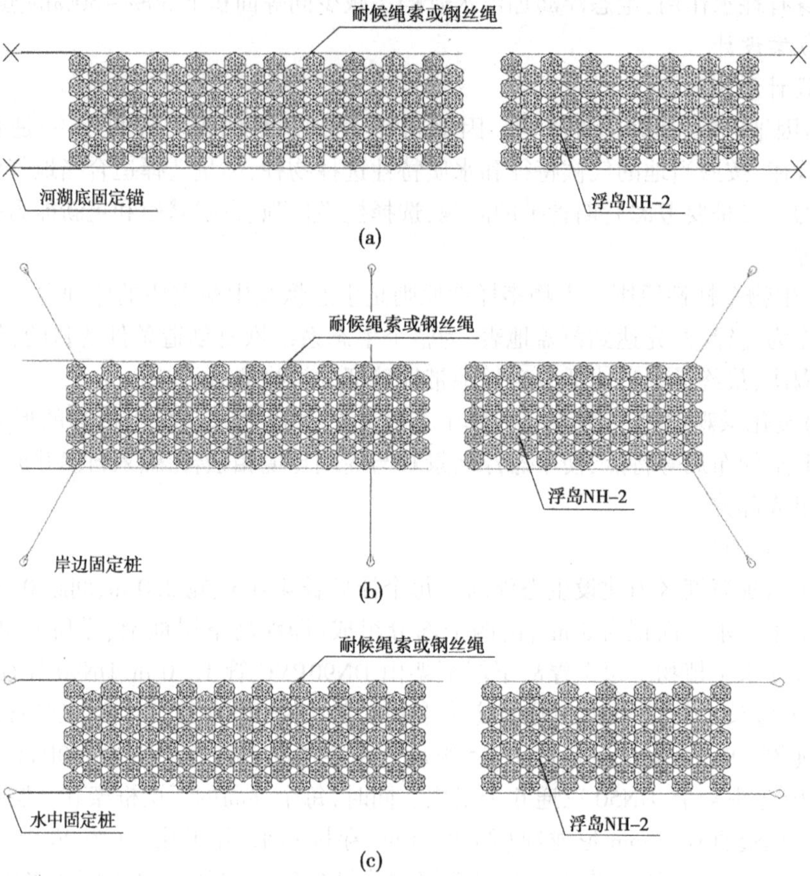

图 6-12　生态浮岛固定方式示意图

图 6-13　生态浮岛效果图

4) 养护要求

(1)生态浮岛:每周巡检 2 次,检查浮岛有无破损、松散及链接扣有无掉落,及时清理附着在浮岛周围的杂物或垃圾;单体因冲击或人为原因受到损坏时,依损坏程度进行修补或更换浮岛单体,同时补种植物;链接扣破损、掉落或扎带破损,及时更换链接扣或扎带;

当因水位涨落或其他因素而导致浮岛搁浅时,应及时将其推入水中复位;大风大雨天气及山洪前后 2~3 d,检查生态浮岛的固定情况,如有脱落及时固定牢固。

(2)挺水植物:每周巡查 2 次,及时修剪枯黄、枯死和倒伏植株,及时清理挺水植物周围的杂物或垃圾;每半月检查一次植物的生长情况,并及时补植缺损植株;定期去除杂草,除草时注意不要破坏植被根系;及时对枯萎枝叶进行修剪;种植的挺水植物一年更换 2 次,更换时将种植篮内的植株连根取出,再用利刀分出一株,重新植入种植篮内(种植方法:采用海绵将植株根系包裹密实后放入种植篮);植物更换后每周检查 1 次,如有坏死及时将根系全部取出并补种同种植物;更换下的植株要及时清除;对于因病虫害等因素造成某个或某些植被死亡时,应将植被撤出,并进行相应的补种;当植物有严重病虫害时,应撤出后再喷洒杀虫剂处理。

5)造价

架设生态浮岛、种植水生植物和后期的维护等费用为 200~300 元/m^2。若在其上布置太阳能发电板,费用为 200~300 元/m^2,发电量为 0.3~0.45 kW·h/(m^2·d)。生态浮岛布设发电板示意图见图 6-14。

图 6-14　生态浮岛布设发电板示意图

6.2.2.5　环状沟渠

利用东居延海湖区内淤泥建设环状沟渠,将湖心 5 km^2 的淤泥挖出,构筑内环沟渠(见图 6-15),沟渠长约 8 km,共 8 段,各段用拱桥连接;同样利用内环沟渠和外环沟渠之间的淤泥构筑二环沟渠。各段沟渠设计均如导流堤。

环状沟渠建设主要工程量如表 6-4 所示。

6.2.2.6　方案比选

(1)采用化学方法虽然消减蒸发效果较好,但在实施过程中存在液体分子膜不易在水面均匀铺展和分子膜易受到外界强力干扰产生聚集的现象,同时分子膜对水质也有较大的影响,而且影响东居延海的生态景观,故不推荐采用该方案。

(2)通过生态技术或生态工程对有退化趋势的东居延海进行修复,可达到理想的结构和功能,以及相关的物理、化学和生物学特性,使其发挥应有的作用。增加东居延海的深度,增加鱼的产量,增强调蓄功能,迁移湖泊中的富营养沉积物和有毒物质以净化水质,改善水禽栖息地,提供野生生物栖息地及户外娱乐区,同时有助于水质恢复,故推荐该方案。

图 6-15　环状沟渠示意图

表 6-4　环状沟渠建设主要工程量

项目	数量/万 m^3	投资/万元
淤泥填筑	42.2	844
抛石护堤	2.31	184.8
绿化水保	20	100
合计		1 128.8

(3)物理材料覆盖法虽然能极大地减少东居延海的水面蒸发,但是对东居延海的景观影响较大,且造价过高,故不推荐采用该方案。

(4)生态浮岛类似于植物带,可以吸收水中的营养物质,促进水中悬浮颗粒的沉积,同时可以防止湖浪直接冲击湖岸,在人工浮岛与湖岸之间营造一个相对平静的静水环境,有利于水生生物的生长、栖息,减少湖泊水流对底泥的搅动。同时在浮岛上可以布置太阳能发电板,所产生的电能可以为湖区泵站提供电能,用于东居延海的水循环,以达到水体净化的目的。该方案可作为备选。

(5)环状沟渠对东居延海地质构造改造过大,对湖泊现状生态系统平衡影响过大,建议谨慎使用。该方案不作为推荐方案。

综上所述,结合东居延海当地情况,推荐使用种植水生植物法或布设生态浮岛法,在东居延海湖区合理种植水生植物,可减少湖区 10%~30%的蒸发;布设生态浮岛最大可减少湖区 30%~50%的蒸发。同时考虑净化水质、造景、投资的情况下优先推荐种植浮水植物建设生态浮岛方案。

各方案对比情况见表 6-5。

表 6-5　减少东居延海蒸发损失的工程措施对比

序号	方法	材料	效果	投资	说明
1	铺洒化学试剂法	十六醇乳液体系	减少 50%的蒸发	—	不推荐
		高链脂肪醇单分子膜	减少 26%～30%的蒸发		
2	水生植物遮盖法	浮萍	减少 10%～30%的蒸发	20 万～30 万元/km^2	推荐
		抗旱抗寒性荷花			
3	物理材料覆盖法	遮光板	减少 90%的蒸发	50 万～100 万元/km^2	不推荐
		植物席垫	减少 60%的蒸发		
		遮阳球	单位面积节水率可达 79.6%，但是受风速影响较大		
4	生态浮岛覆盖法	无土栽培原理，结合现代生态工程、农艺	减少 30%～50%的蒸发量	400～600 元/m^2	备选
		发电技术	减少 80%的蒸发量		
5	环状沟渠	湖心 5 km^2 的淤泥	—	1 128.8 万元	不推荐

6.3　改善东居延海水动力条件工程措施

东居延海水深较浅、水面大、蒸发损失量大；多年来河水只进不出，湖水水质有恶化趋势；湖区淤积严重；水资源利用效率很低，大量珍贵的水资源被蒸发消耗，使周边绿洲得不到有效灌溉。在统筹考虑维持适宜的东居延海湿地生态功能和经济可行的治理工程措施的基础上，应适当采取必要的工程措施减少东居延海蒸发损失，改善东居延海湖区水动力条件，相机向西居延海古河道沿岸绿洲补水。

6.3.1　相机向西居延海古河道补水工程措施

6.3.1.1　古河道基本情况

东居延海西岸到西居延海东北端（小海子边缘）直线距离约 24 km，其中间有一个曾经的通道——“东达乌苏”古河道，敦德乌素高勒从一道河入东居延海口上游约 2 km 处流经一号山南侧，进入西居延海东侧的小海子，流程约 30 km，由于 60 多年未过流，河道多数已被风沙堆积掩埋。古河道线路见图 6-16。

自 2010 年以来，东居延海湿地规模基本稳定，上游补水闸不定期输送部分水量至湖区西南方向的古河道周边，过水后的古河道及周边区域植被盖度明显提高（见图 6-17）。

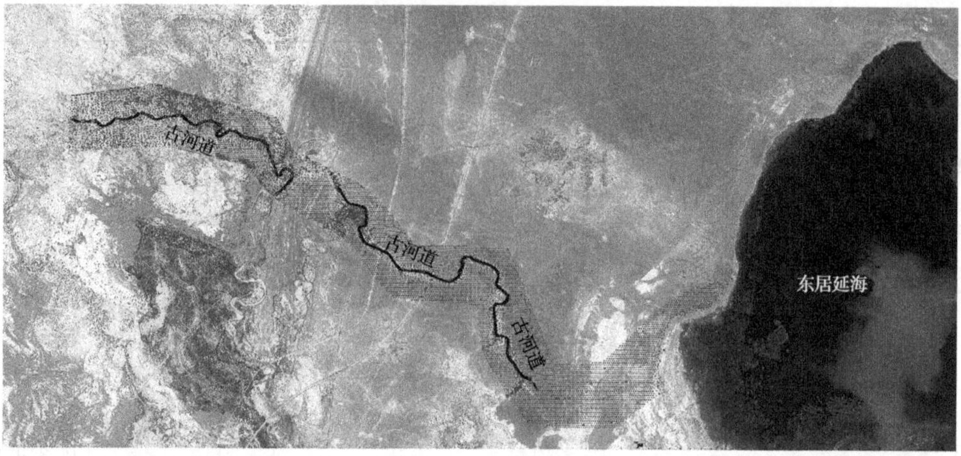

图 6-16　古河道线路

图 6-17　古河道沿线现状地貌

6.3.1.2　工程布置

“东达乌苏”古河道 60 多年未过流，河道被大量风沙堆积掩埋，现状已形成高于湖面约 10 m 的沙梁；故需布置提水泵站，从东居延海西岸提水至沙梁顶部，之后沿古河道向西自流，从而实现东居延海向古河道补水的目标——通过补水重建古河道沿岸植被带，形成一定范围的绿洲。根据卫星影像测算，古河道沿岸可覆盖绿洲面积约 4.0 万亩。

1. 取水口位置

提水泵站取水口布置于东居延海西南侧靠近古河道的位置，东经 101°11′51″，北纬 42°17′05″，根据地形及枯水期湖面高程初步确定泵站扬程为 20 m；经水泵提水，通过输水管线输水至东居延海西南方向约 3.0 km 的出水口处，东经 101°10′03″，北纬 42°16′43″。

2. 泵站机组

古河道两岸绿洲面积约 4.0 万亩，经测算，额济纳区域每亩绿洲灌溉需水量约 200 m^3，初步确定向古河道最大年补水量约 800 万 m^3，选择蒸发量相对较小的时段补水，补水总时长 90 d。根据供水量、扬程及供水时间计算泵站总流量为 1 m^3/s。初选一台单级双吸离心泵，型号为 KQSN700-N19-513。水泵配套 1 台 Y400-6 型电动机，额定功率 355 kW，额定电压 10 kV。由于水泵年利用小时数低且补水保证率低，故不设备用机组。

3. 古河道疏浚治理

现状古河道多数段落被风积沙掩埋，需对河道进行疏浚治理以提高输水效率。

根据现状地形对出水口以下约8.0 km长古河道进行疏浚治理,河道底宽初步确定为10.0 m,两侧边坡1:3,河道纵坡根据现状地形调整。

4. 投资匡算

泵站由进水前池、主副厂房、压力管道、出水池等组成,设计引水流量为1 m^3/s,总功率355 kW(单级双吸离心泵,型号为KQSN700-N19-513。水泵配套1台Y400-6型电动机,额定功率355 kW,额定电压10 kV),引水管道采用一条DN1 000钢管(壁厚8 mm),总长度为6.0 km,古河道疏浚共计开挖土方约60万 m^3,经估算古河道相机补水工程总投资为4 000万元。

6.3.2　工程总平面布置图

改善东居延海湖区水动力条件,相机向西居延海古河道沿岸绿洲补水工程措施总平面布置图如图6-18所示。

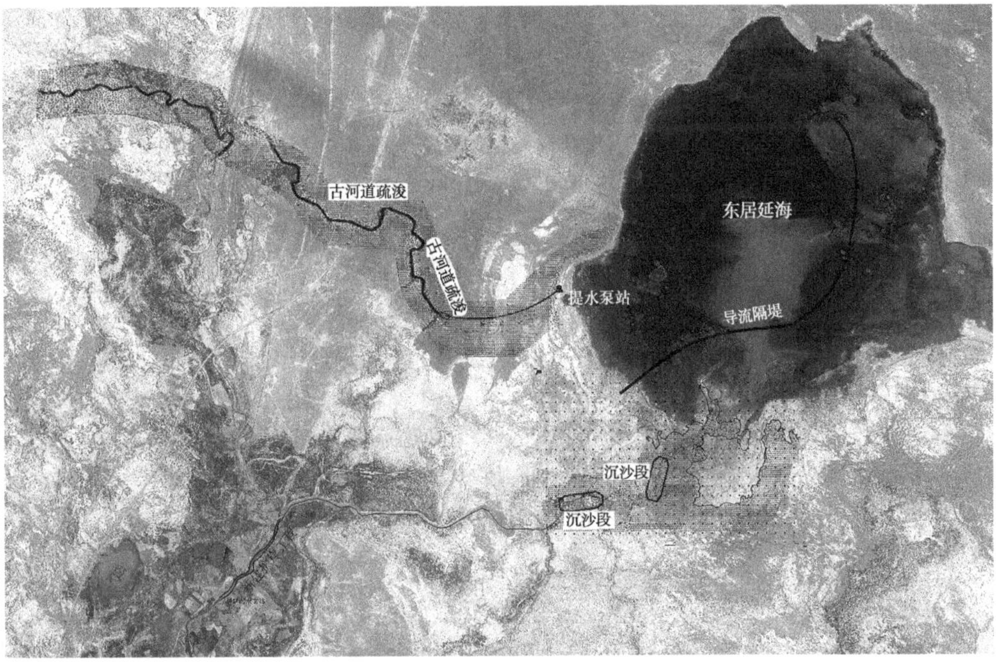

图6-18　补水工程措施总平面布置图

6.4　内源污染控制工程措施

内源污染指的是沉积物污染(底泥或底质),由土壤、岩石及矿物的自然侵蚀过程、生物过程、有机质降解过程等方式产生,沉淀积累并堆积在水体底部。它是水体污染的重要组成部分,是水质恶化和生态系统退化的重要原因。同时,内源污染还会阻止湖泊从浊水到清水的稳态转化,给湖泊的生态修复带来困难。积极采取措施减少湖内污染负荷,如实施水生植物收割、底泥疏浚,是控制湖泊富营养化的对策之一。

6.4.1　芦苇收割

6.4.1.1　实施目标

内源污染控制措施主要针对东居延海湿地系统内的天然植被和人工植被对湖区水质带来的影响，系统全面提出治理措施，杜绝和减少植被在水体中腐烂而带来的内源污染源。由于东居延海湖区为黑河的尾闾湖泊，沉水植物腐烂后富营养化累积加重，导致水质逐年变差，通过适度收获沉水植物，控制富营养化，改善水质及水体环境，减少生物填平作用，延缓沼泽化进程，维护生态系统平衡。

6.4.1.2　收割方案

1. 芦苇收割时间

由于规划减少东居延海湖面面积，需要在湖周边种植大量芦苇，保持湿地生态系统健康。为减少芦苇在水体中腐烂而带来的内源污染源，计划芦苇收割时间为东居延海的冰封期（1~2月），此期间冰层较厚，安全性较高，方便进行冰上作业。

2. 芦苇收割面积

芦苇收割面积约6 km^2，预计年收芦苇0.5万t，以水生植物中N、P含量计算，预计每年从底泥和水中移出N、P分别约为65 t及10 t。

3. 芦苇收割方式

对芦苇进行园田化管理，采用机械化装备在芦苇区内分割成块，打开排水通道和通风道，每块面积约1 km^2，阻止芦苇蔓延成片，延缓沼泽化进程，重建绿色自然景观。

6.4.2　生态放养

6.4.2.1　实施目标

生态放养遵循因地制宜、配置精品、创立特色、效益兼顾的原则，以生态效益为中心，兼顾经济效益，创立“绿色、安全、高效”生态放养，按照现代农业生态产业模式安排规划，实现生态效益、经济效益和社会效益的统一和可持续发展。

6.4.2.2　实施原则

1. 规划原则

东居延海生态放养建设需提倡自然循环和自然生态，保护好原有生态系统平衡，实现资源开发和经济社会协调发展，促进产业化发展和生态环境良性循环。

2. 生态原则

生态放养需节制引用外来物种，保护和发展本地物种，防止造成生物入侵，产生不良影响。

3. 经济性原则

坚持在经济效益好的基础上，良性发展生态循环渔业，充分发挥高科技优势，利用最少的人工和资金投入健全自然生态过程。

6.4.2.3　养殖方案

在以上原则的基础上，选取鲢鱼这类淡水鱼进行规模化养殖，设计养殖规模为1~2尾/m^2。

6.4.3　底泥疏浚

根据内蒙古自治区阿拉善乌海水文水资源勘测局对巴彦宝格德（狼心山）水文断面水质监测资料，其断面水体水质高锰酸钾指数、化学需氧量、总氮超标，东居延海湖区每年接纳大量的不达标来水，水中挟带的悬浮物和湖内生物的自生自灭，加速了湖底的生物填平作用，湖底形成了一层腐泥层，味臭、色黑，颗粒细腻，同时不断的蒸发浓缩使湖底淤泥沉积大量盐分，影响湖水水质。因此，清除底泥污染是改善东居延海水质必不可少的重要措施之一。

6.4.3.1　疏浚原则

1. 坚持合法合规原则

严格遵守《中华人民共和国水法》《中华人民共和国防洪法》《中华人民共和国河道管理条例》《中华人民共和国环境保护法》《湿地保护管理规定》等法律法规，服从湖区、环保、湿地等相关管理规定。

2. 坚持统筹兼顾、环保清淤原则

注重湖区泥沙的开发利用与保护相结合，统筹考虑湖区旅游、生态、环保等方面的关系，正确处理需要与可能、远期与近期、整体与局部的关系，科学选择环保型清淤设备，在恢复湖区库容的同时，应以清除污染底泥、改善湖泊水体水质为目的，避免水质二次污染，满足鱼类越冬和保持生物多样性的要求，维护湖区水生生态系统安全，保护东居延海湿地生态环境。

3. 坚持合理规划、科学实施原则

依据湖区淤积特点及上游水量调度方式，制订合理的清淤规范方案，在清淤实施过程中要注意维持湖区有利的断面形态；要维持湖区库容不减，保持长期有效库容；要维持湖区岸线稳定，确保各类工程设施安全；库区清出的淤积物的处置要与预处理区配套工程、围堤加固、旅游景观和生物质能电厂等有机结合。

6.4.3.2　疏浚范围

本书根据东居延海这一“浅碟状”湖泊底泥生态清除技术的复杂性和探索性，在分区域底泥分析的基础上，基于局部典型区域底泥赋存状态、底泥污染物和分布、底泥的沉积特性，先行在局部底泥污染湖区开展底泥生态清除工程试点。示范工程实施前应对示范区的底泥做更为详尽的采样调查，以保证清淤的有效性和合理性，示范工程成功实施后，逐步在全湖区开展底泥生态疏浚工程（见图 6-19）。根据上述原则，底泥疏浚区试点规划主要考虑在湖北部 10 km^2 范围内进行，拟清淤量 200 万 m^3，示范工程实施后，逐步在湖区全范围开展底泥疏浚，拟清淤 1 000 万 m^3。

6.4.3.3　疏浚过程及设备

东居延海被污染底泥清除采用水采水运的方式，即用挖泥船进行水下疏挖，用加压管道将泥浆送至堆场。疏浚施工中要求底泥扰动扩散半径控制不超过 5 m，疏浚水平定位精度控制在 0.5~1 m，垂直精度控制在 5~10 cm，做到精确疏浚和清洁生产。同时利用尼龙塑料纺织布或其他材料做成淤泥网、泥沙拦网，把网帘以桩网、浮网或吊缆挂网的方式设置于清淤区与非清淤区的适当位置，缓流促淤，将湖泊再悬浮颗粒限定在一定区域，以减少清淤时污染物在水中扩散所形成的二次污染。

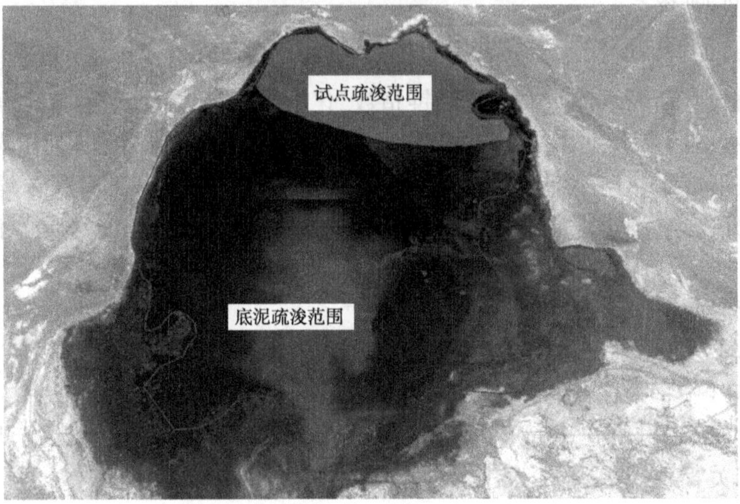

图 6-19　底泥疏浚范围

通过综合考虑污染底泥的平面分布、厚度和污染程度及疏浚船的经济排距等因素，推荐选用多功能挖泥船对东居延海进行污染底泥疏浚工程作业。清除的底泥可作为湖周绿化基质材料，或用于建筑导流隔堤路面和内环沟渠。

6.4.4　重金属治理措施

由重金属污染评价结果可知，东居延海淤积物重金属铅、汞、锌、镉评价结果均为无污染或以无污染为主，铜、砷评价结果以轻微污染为主。

6.4.4.1　水体砷污染治理措施

1. 沉淀法

沉淀法主要是利用外加药剂或能量，与水体中的砷污染物发生物理反应或化学反应，形成沉淀或絮凝体矾花从水质中分离出来，从而达到除砷的目的。该方法主要包括热沉淀法、共沉淀法、沉淀絮凝上浮法等。常用的沉淀剂有硫化物、铁盐、铝盐、钙盐等。它们共同的特点是在水体中均可以与砷酸根形成硫化砷或砷酸盐沉淀，可经进一步过滤后将砷去除。在沉淀法中，应用最早、最广泛的沉淀剂是硫酸铁或硫酸铝，在合适的工艺条件下，投放适当比例的沉淀剂可有效促使砷酸根形成沉淀或絮状物，通过过滤使砷去除。

2. 吸附法

吸附法是一种较为成熟且简单易行的水处理技术，包括静电吸引、离子交换和配位络合三种作用方式。常用的吸附剂有活性炭、活性氧化铝、二氧化锰、铁化合物、沸石、石英砂等。吸附法比较适用于量大而砷污染浓度较低的水体，可以将水体中的砷浓度降到最低水平而不增加盐浓度，具有处理效率高、吸附干扰小、吸附剂来源广等优点。但是大多数吸附剂只能对五价砷进行有效吸附，对三价砷需要进行预氧化处理后才能有效吸附，处理难度及成本较大。

3. 细菌法

某些细菌能够在高浓度的砷酸盐和亚砷酸盐环境中生长。对重金属的吸附量从几毫克每升到 8%~35%细菌本身干重。这些细菌能够将吸收的砷酸根通过自身处理专一性地排出砷化物,使自身免于毒害。有研究显示,赭色纤发菌和模式种菌对水体中过量的砷有比较好的去除效果。

4. 植物法

植物修复是利用植物清除土壤中污染物质或使污染物质无毒化的技术,具有成本低、不破坏环境等优点。在水体砷污染治理中,常用的植物有香蒲、芦苇、凤眼莲等。相关研究显示,水生植物对砷的富集可达到 10.96 mg/L。

6.4.4.2　水体铜污染治理措施

1. 吸附法

吸附法是指吸附材料利用其自身比表面积或依靠分子中存在的活性基团(包括负电荷等),通过物理或化学吸附与铜离子发生作用,达到去除铜离子的目的。物理吸附是吸附材料通过范德华力吸附铜离子,如活性炭、活性氧化铝和沸石等比表面积较大的材料。化学吸附是吸附材料中的活性基团通过电子转移或者电子对共用与铜离子形成化学键或生成表面配位化学物等方式产生的吸附,这种吸附具有一定的特异性,且脱附过程较为困难。常用的有表面接枝活性基团的聚丙烯腈纤维等。此外,磁性壳聚糖、麦秆制备的生物炭、经过化学处理后的活性炭等对水体中铜离子均有一定的吸附作用。

2. 化学沉淀法

化学沉淀法是基于化学溶度积原理,通过投加化学试剂,使铜离子形成难溶物质后从水中分离的方法,主要包括碱性化学沉淀法和硫化物沉淀法等。碱性沉淀法是指在弱碱性环境下,铜离子与氢氧根离子或碳酸根离子反应生成难溶化合物;硫化物沉淀法是指铜离子与硫化钠等硫化物反应生成难溶化合物。

3. 生物法

生物法包括生物吸附法、生物絮凝法和植物修复法。生物吸附法是指微生物或植物利用自身的结构特性来富集水中的铜离子。生物絮凝法是微生物或植物产生的代谢物通过与铜离子进行絮凝反应生成沉淀物。植物修复是指自然界中的一些绿色植物利用其根系来富集水中的铜离子。国内外相关研究表明,水芹菜、白腐真菌、槐叶萍、枯草芽孢杆菌等生物均能够对水体中铜离子进行有效去除。

水体重金属砷、铜治理常用方法包括化学沉淀法、物理吸附法、植物修复法等几大类。其中,化学沉淀法对重金属去除效率高,但是成本偏高,同时容易产生次生污染;物理吸附法中活性炭等吸附剂对环境影响较小,但是使用成本偏高;植物修复法对水体原生环境影响较小,经济性好,缺点是修复周期较长。考虑到东居延海为风景名胜区,同时是多种珍稀鸟类的栖息地,因此从环保和经济的角度考虑,建议采用人工种植或培育芦苇、水芹菜、香蒲、槐叶萍等水生植物对水体中的重金属砷、铜进行治理修复。

6.5　推荐工程措施

结合以上工程措施,考虑东居延海实际情况,建议采用种植水生植物、建设生态浮岛、芦苇收割、生态放养与部分湖区底泥疏浚技术相结合的方法对东居延海实施水生态修复。

(1)种植水生植物工程措施。主要有以下优点:低投资、低能耗;处理过程与自然生态系统有着更大的相融性;无二次污染;能实现水体营养平衡,改善水体的自净能力;对水体的各种主要污染物均有良好的处理效果。造价较低,为20万~30万元/km^2。

(2)生态浮岛工程措施。优势在于其价格低廉、效果好、应用范围广泛,不仅能够减阻蒸发,且能够吸收污染水体中的磷、氮污染物,具有很好的净化水质和减少水面蒸发的效果。

(3)芦苇收割工程措施。东居延海湖区为黑河的尾闾湖泊,沉水植物腐烂后富营养化累积加重,应适度及时收割芦苇,控制湖区富营养化,改善水质及水体环境,维护生态系统平衡。

(4)生态放养工程措施。东居延海湖区可开展鲢鱼养殖,在不破坏原有生态系统情况下既能够防治内源污染,又能够取得一定的经济效益。

(5)底泥疏浚工程措施。底泥疏浚能够彻底去除积累在其中的有毒有害物质,但须注意防止底泥泛起以及底泥的合理处置,避免二次污染,因此建议底泥疏浚作为辅助措施,同时清理出的底泥可用于建造内环沟渠。

6.6　东居延海湿地保护非工程措施

6.6.1　水资源的长效管理

一要进一步加强完善黑河生态调水机制,保证生态补给水量。严格落实最严格水资源管理制度和黑河水量年度调水计划,强化"三条红线"约束性指标管理,落实节水优先方针,加强流域节水型社会建设,强化最严格水资源管理制度,保障黑河东居延海生态需水量。

二要发挥区域水资源效益最大化。将区域水资源开发利用节约保护主要指标纳入地方经济发展综合评价体系,额济纳旗人民政府对本行政区域水资源管理和保护工作负总责。把最严格水资源管理制度和节水型社会建设考核纳入地方政府政绩考核,加强考核力度,延伸考核范围。

三是强化水资源承载力刚性约束。坚持以水定城、以水定地、以水定人、以水定产,探索"以水定绿"的实施路径,加强规划和建设项目水资源论证,强化水资源承载力在区域发展、城镇化建设、产业布局等方面的刚性约束,促进经济社会发展与水资源、水生态、水环境承载力相适宜。严格执行取水许可制度,对取用水总量超过控制指标的地区,暂停审批建设项目新增取水。严格水功能区监督管理,对排污总量超过水功能区限制纳污总量的地区,限制审批新增取水和入河排污口。

四是强化水资源安全风险监测预警。健全水资源安全风险评估机制,从水旱灾害、水供求态势、河湖生态需水、水功能区水质状况等方面,科学评价区域水资源安全风险。

6.6.2　水域岸线长效管理

一是建立健全东居延海水域岸线管理体制。建议尽快建立健全水域岸线管理体制,按照权责统一的原则,明确各管理部门在水域及岸线管理中的职责,各部门各司其职、协调配合,加强东居延海的水域岸线管理。

二是依法划定东居延海湿地管理范围,严格控制开发利用行为,将东居延海湖区及其生态缓冲带划为优先保护区,依法落实相关管控措施。严禁以任何形式围垦湖泊、违法占用湖泊水域。严格控制跨湖、穿湖、临湖建筑物和设施建设,确需建设的重大项目和民生工程,要优化工程建设方案,采取科学合理的恢复和补救措施,最大限度减少对湖泊的不利影响。严格管控湖区围网养殖、采砂等活动。涉及湖泊开发利用的相关规划应依法开展规划环评,湖泊管理范围内的建设项目和活动必须符合相关规划并科学论证,严格执行工程建设方案审查、环境影响评价等制度。

三是制定和完善岸线开发利用管理制度。研究制定强化岸线利用综合管理措施,切实加强岸线利用的社会管理和公共服务。研究出台东居延海水域岸线占用管理、收费和补偿制度,其主要内容应包括河湖水域岸线界定、功能区划定、岸线占用控制、补偿机制、处罚措施等。

四是做好前期规划。加强东居延海水域岸线利用规划的编制,规划符合相关水法规的规定,服从流域综合规划,与经济社会发展规划、城市发展规划、国土空间规划、环境保护规划相适应,实行东居延海岸线分区管理,依据覆被类型总体规划等合理划分保护区、保留区、控制利用区、可开发利用区,明确分区管理保护要求,强化岸线用途管制和节约集约利用严格控制开发利用强度,最大程度保持湖泊岸线自然形态。沿湖土地开发利用应与岸线分区要求相衔接,并为经济社会可持续发展预留空间。

五是完善政策法规体系。现行法规对河湖水域岸线管理范围界定模糊,建议在原法规基础上进行修改完善,特别是针对无堤防河道重点予以研究。建立健全湖泊、入湖河流所在行政区域的多部门联合执法机制,完善行政执法与刑事司法衔接机制,严厉打击涉湖违法违规行为。坚决清理整治围垦湖泊、侵占水域和非法排污、养殖、采砂、设障、捕捞、取用水等活动。集中整治湖泊岸线乱占滥用、多占少用、占而不用等突出问题。建立日常监管巡查制度,实行湖泊动态监管。

6.6.3 水环境保护与水污染防治长效管理

健全水环境管理责任体系,落实主体责任,构建“水体-排污口-排污管线-污染源”全链条水污染物排放治理体系。严格落实河长制,将河长制变为常态化、长效化管理机制。

加强环境污染防治执法力度,严查污染源,严厉打击环境违法行为。加强污染源头的控制与治理,有针对性地开展清淤疏浚、活水循环、生态修复等工作。先解决治标问题,同时以治本为终极目标,依从水系脉络,协调处理好上游与下游、岸上与水下等关系,实施流域性治理。加强入河水质监测,以环保法律法规和水质监测为依据,依法加强执法管理。落实污染物达标排放要求,严格按照限制排污总量控制入湖污染物总量,设置并监管入湖排污口,保障入湖水质。落实定期巡查、保洁责任,强化水体水质监测,确保整治效果不反弹。可采用定期监察或突击不定期监测相结合,对农业生产和生活污水等对入河水质影响较大的,环保部门加大检查频次和力度,做好水质比对工作,建立完善的水质监测报告,为环境执法建立基础性技术工作。

同时,开展城乡生活垃圾分类收集,推进城镇雨污分流管网、污水处理设施建设和提标改造,提高村庄生活污水处理设施覆盖率,强化农业面源污染控制,推进畜禽粪便综合利用和污染治理。

完善水资源保护考核评价体系,加强水功能区监督管理,从严核定水域纳污能力。开展相应的民意调查和宣传,调动各个方面的意见共同维护河流的洁净,保护水源。

6.6.4 水生态修复长效管理

水生态修复的长效管理是实现水生态系统健康和可持续发展的关键环节。要做到以下几点:

一要充分认识保护水生态的意义。要进一步加深对水生态的理解,转变观念,树立江河不老、永续利用的指导思想。水生生态系统是水与水生动植物长期协同进化的结果。从本质上说,水生生态系统是一个活的系统,是一个生命系统。如果不能合理地开发和利用,它就会老、会病、会死。治理和开发河湖要着眼于可持续发展、永续利用。可持续发展的意思是上一代人的利用不影响下一代人的利用。要做到可持续发展,最根本的是要保证水生生态系统的完整性。盆小了、水干了、草枯了、鱼灭绝了,就是对后代不负责任、对后代的犯罪。

二要加强监测,为水生态修复提供基础数据。结合信息化监测方案,在东居延海湖区及周边范围进行实地踏勘等传统的常规监测方法,保证监测内容的全面性和监测结果的准确性。同时,加强对作为栖息地连续性或片段化的可靠指示种鱼鸟的观测。通过鱼类监测还可以反映出急性的毒理效应(某些分类单元的缺失)和胁迫效应(生长缓慢,繁殖力下降)。通过对不同年份间补充群体和种群动态的调查可以了解干扰事件的关键时间点。

三是支持在东居延海开展科研工作,将重点科研项目列入自治区、盟、旗科技攻关计划及其他科技项目计划,科研经费给东居延海一定的倾斜;加强技术交流与合作,广泛加强与有关技术科研部门联系,以引入试验成功的先进技术,用于项目实施建设,邀请有关专家学者做现场技术指导,多渠道引进先进的水生态修复科学技术与方法。

6.6.5 加强河湖监管

6.6.5.1 落实湖长制

全面落实《中共中央办公厅、国务院办公厅印发〈关于全面推行河长制的意见〉的通知》要求,进一步加强东居延海湿地管理保护。建立东居延海湖长制,建立健全以党政领导负责制为核心的责任体系,落实管理责任。

湖长为第一责任人,对湖泊的管理保护负总责,统筹协调湖泊与入湖河流的管理保护工作,确定湖泊管理保护目标任务,组织制定"一湖一策"方案,明确各级湖长职责,协调解决湖泊管理保护中的重大问题,依法组织整治围垦湖泊、侵占水域、超标排污、违法养殖、非法采砂等突出问题。

黑河流域管理局要充分发挥协调、指导和监督等作用。建立与地方政府沟通协商机制,强化流域规划约束,切实加强对湖长制工作的综合协调、监督检查和监测评估。

全面建立旗、苏木、嘎查三级河长制组织体系，明确河长管理职责划分。由河长对其责任水域的治理、保护予以监督和协调，督促或者建议政府及相关主管部门履行法定职责、解决责任水域存在问题。水域沿岸显要位置应当设立河长公示牌，标明河长姓名及职务、联系方式、监督电话、水域名称、水域长度或面积、河长职责、整治目标和保护要求等内容。

6.6.5.2 建立多部门联动机制

各责任部门结合各自职能，切实履行指导监督职责，协同推进东居延海湖长制相关工作。实行湖长制责任部门信息共享、规划统筹、联审会商、协调联动、跟踪问效，形成各负其责、齐抓共管、合力推动、高效运转的联动推进格局。

6.6.5.3 实施全民参与制度

实行地方湖长与民间湖长“双湖长”制，聘请社会义务监督员为民间湖长，实行东居延海沿线机关、企业、学校、社区、住户“三包”制度，建立人人监督、治理和保护河湖的全民参与机制。实施河长制信息公开制度，纳入各级政务公开，通过主要媒体予以公布，在显著位置设立湖长公示牌，对湖长信息、治理方案、水质情况、治理标准、治理时间表等内容定期向社会公开，广泛接受河湖管理保护效果评价，增强全民责任意识，积极营造东居延海管理保护良好社会氛围。建立东居延海管理问题投诉机制，畅通举报投诉渠道，发挥媒体监督作用，对水污染严重、水环境恶化突出问题予以曝光。

6.6.5.4 重视联合督查和考核问责

河长办公室统筹协调相关责任部门定期对湖长制实施情况和湖长履职情况进行督查、检查和评估。建立突出问题约谈、通报机制，跟踪督导问题整改，定期向湖长报告工作。

出台推行河长制考核管理办法，市级及湖长负责组织对下一级河长进行考核，将领导干部自然资源资产离任审计结果及整改情况作为考核的重要参考，考核结果作为地方党政领导干部综合考核评价、生态环境损害责任追究的重要依据，对工作突出的进行表彰奖励，对贯彻落实决策部署不力的予以严肃追责。

6.6.5.5 加强河湖保护宣传力度

大力宣传水规，增强全社会水事法律意识和法治观念，这是最有效预防违法行为的方式。要建立有效的监督制约机制，切实加强对水行政执法的监督。

利用世界水日、中国水周等平台开展河长制工作宣传，在电视台、官方微信平台，各苏木、河长制各成员单位电子屏幕、职工微信群及部分自媒体播放宣传片，在督导检查中对苏木干部现场培训，组织干部、职工积极参加河长制知识网上竞赛，扩大知识覆盖面。

第7章 结论与建议

7.1 结 论

本书面向生态文明建设实践,通过开展东居延海水生态修复研究,系统调查了额济纳绿洲覆被变化及东居延海水生态状况,指出了东居延海水生态存在的主要问题;基于湖泊生态价值法、不同湖泊面积保证率和湖泊形态学三种方法计算了东居延海适宜面积及生态需水量;在构建面向生态的水资源配置模型基础上,编制了现状工程条件下的水资源配置方案;针对东居延海不同的水生态问题,提出了相应的水生态修复工程措施和非工程措施。主要结论如下。

(1)额济纳绿洲覆被变化。20 世纪 80 年代中期(1987 年)、分水前(1999 年)、分水后(2010 年)和现状年(2018 年)额济纳绿洲面积分别为 3 629.6 km^2、3 328.5 km^2、3 452.6 km^2 和 3 599.7 km^2,绿洲经历了先减少再恢复的过程。覆被类型中,草本占比较大,最低年份超过 58%;耕地有先扩大后减少的现象,所占比例由 0.70%增加到 1.78%,而后减少到 1.74%。整体来看,覆被变化主要以中、高盖度为主,植被盖度明显增加,现状年绿洲规模已接近 1987 年的水平,群落结构还有待进一步优化,变化区域主要集中在东河中、下游区和西河下游区,西河中、上游区及古日乃区变化并不显著。1987~1999 年,水体面积减少了 44.2 km^2;1999~2010 年,水体面积呈增长趋势,增加了 46.5 km^2;2010~2018 年,水体面积继续呈现扩大态势,增加了 14.2 km^2。额济纳绿洲生态需水量在不同时期因绿洲面积结构及盖度的不同而变化,1987 年、1999 年、2010 年和 2018 年分别为 5.57 亿 m^3、3.08 亿 m^3、4.15 亿 m^3 和 5.82 亿 m^3。

(2)居延海的演变。历史时期居延海演变大致经历了四个阶段:战国至元代的居延泽阶段,元代至明代的居延泽—嘎顺淖尔阶段,明代至 1961 年嘎顺淖尔—苏古淖尔阶段,1961 年后苏古淖尔(间歇干涸)阶段。20 世纪 80 年代以来,东居延海经历了 2 次干涸,80 年代中期水面面积约 35 km^2,近 10 年来水域面积已达这一水平。20 世纪 80 年代,东居延海植被主要以灌木和草本为主,南部绕东居延海呈带状连续分布,至分水前退化严重;2000 年分水后,植被面积明显增加,尤以草本最为明显,植被由退化转向逐步恢复,2000~2005 年之前主要是湖泊南侧边界的扩张,2006 年后湖泊东西两侧边界扩张更为明显,2010 年之后湖泊边界总体不变,水面面积维持在 40 km^2。

(3)东居延海湖区水环境变化。东居延海湖水呈碱性,平均矿化度(TDS)约为 7.28 g/L,水化学离子中 Cl^-、SO_4^{2-}、Mg^{2+} 和 Na^+ 质量浓度较高。周边地下水呈弱碱性,平均矿化度(TDS)约为 7.13 g/L(略低于湖水),水化学离子中 SO_4^{2-}、Cl^-、Mg^{2+} 和 Na^+ 质量浓度较高。近 30 年来,东居延海矿化度由 20 世纪 80 年代初的 7.4 g/L 增至中期的 34.5 g/L,演变成咸水湖;分水后 2003 年矿化度为 5.11 g/L,目前为 7.3 g/L,与 20 世纪 80 年代初相当,水化学类型变化不大。

(4)东居延海入湖水量及湖区地形变化。常规调度以来,进入东居延海的水量占狼心山东河与东干渠来水量之和的比例在13%~46%范围内变化,平均为25%。2005~2018年多年平均情况下,东居延海7~10月总的入湖水量占全年入湖水量的97.32%。903.00 m高程以下,2015年库容比2003年库容减少1 000万 m^3 左右。主要淤积发生在903.00 m高程以下。在903.00 m高程以上部分,同水位对应面积2003年比2015年明显偏小,说明在903.00 m高程以上部分基本无淤积影响,受东居延海库区修建环湖公路、旅游景观设施等影响,库区四周地形地貌发生了变化,尤其是接近环湖公路的区域平坦化,同等水量下水面面积增大。

(5)湖区淤积物物化特性。淤积物主要来源于上游水流挟带泥沙和陆地风沙。水域内部沉积物以细沙为主,水域边界粗土样粒径明显大于水域内部。淤积物样本重金属评价结果表明,铜、砷以轻微污染为主,铅、汞、锌、镉以无污染为主。水域中心区、环中心区淤积物之间含碳有机质含量总体波动不大,近岸区含量相对偏低。含碳有机质含量最大值为0.83%、最小值为0.39%,总体平均值为0.58%。淤积物呈弱碱性,以硅铝质成分为主,占比超过60%,其中 SiO_2 含量最高。

(6)东居延海生态需水量计算。正常调度以来,2005~2018年进入东居延海的水量年际存在较大的变化,年均为0.55亿 m^3。采用湖泊生态价值法、不同湖泊面积保证率法及湖泊形态学法计算维持东居延海生态功能的基本水面面积分别为18 km^2、23.94 km^2 和16.83 km^2,其年需水量分别为2 704万 m^3、3 597万 m^3 和2 577万 m^3。对照东居延海湿地健康指数评价结果,为维持东居延海湿地生态系统健康,建议每年进入东居延海的水量不低于0.38亿 m^3。

(7)黑河下游额济纳绿洲水资源合理配置。根据水资源配置模型,计算了不同保证率下各生态子区不同时段配水量。在特丰年条件下,可考虑在此时间段内将来水向绿洲脆弱区及边缘绿洲区配置。对于东河而言,可考虑向核心绿洲区北部及东部的绿洲脆弱区及边缘区,如天鹅湖、沫浓湖、班布尔河下游雅布赖等配置;对于西河而言,可尝试向西河尾闾西居延海补水,沿途能够向聋子河下游七号山、小海子等区域补水。在特枯年条件下,只能优先保障东居延海不干涸和绿洲核心区。根据狼心山东河来水量和输水效率估算,东居延海能够补水0.3亿 m^3。

(8)东居延海水生态修复措施。考虑东居延海实际情况,建议采取种植水生植物、芦苇收割、生态放养与部分湖区底泥疏浚技术相结合的工程措施实施水生态修复。种植水生植物工程措施具有低投资、低能耗的特点;处理过程与自然生态系统有着更大的相融性;无二次污染;能实现水体营养平衡,改善水体的自净能力;对水体的各种主要污染物均有良好的处理效果。尾闾湖泊沉水植物腐烂后富营养化累积加重,应适度及时收割芦苇,控制湖区富营养化,改善水质及水体环境。在湖区开展鲢鱼生态放养,在不破坏原有生态系统的情况下既能够防治内源污染,又能够取得一定的经济效益。底泥疏浚建议作为辅助措施,同时清理出的底泥可用于建造导流隔堤或内环沟渠。提出了包括水资源长效管理、水域岸线长效管理、水环境保护与水污染防治长效管理、水生态修复长效管理及加强河湖监管等五项非工程措施。

7.2 建　议

(1)系统开展东居延海水生生态系统状况普查。为推动东居延海水生态保护与修复工作,需获取大量的水生生态系统本底调查数据,建议3~5年开展一次系统普查,测定水体及底泥理化环境,调查分析浮游动植物、底栖动物、水生植物、鱼类及底泥微生物等特征变化,为东居延海水生态保护与修复提供基础支撑。

(2)强化东居延海水域岸线管理,构建完善法律法规体系。按照国家推进生态文明建设的要求,坚持"山水林田湖草沙是一个生命共同体"的理念,结合水生态空间管控的原则及要求,尽快划定东居延海水域岸线控制线,按照不同功能区定位,加强岸线保护和利用,建立综合管理协调机制,统筹岸线保护与开发利用规划,加强水域岸线的保护监督,研究制定强化岸线综合管理的措施和法规体系。

(3)加强水生生态系统保护与修复的全流域管理,建立协调管理机制。从全流域的视角来审视水生生态系统问题,建立不同相关主体间的协调管理机制,水生生态系统保护与修复涉及多个部门和主体,相关主体间的协调管理是实现水生生态系统保护与修复目标的重要保障。同时,从水生生态系统保护与修复的角度进一步完善水资源管理和水利工程运行管理制度。

(4)东居延海泥沙来源专题研究。东居延海河床淤积物主要来源于上游水流挟沙和陆地风沙,受基础条件限制,径流入湖泥沙量和风沙入湖量缺少实际观测数据,需尽快开展系统的径流泥沙和风吹沙野外观测及试验分析,进而科学研究东居延海泥沙来源。

(5)建议编制东居延海水生态修复和治理方案。前期东居延海水生态问题主要是通过生态补水解决,湖区常年不干涸后,湖泊的水生态问题需要更精细化的水生态修复措施来解决。针对具体的水生态问题,尽快编制东居延海水生态修复和治理方案,实现东居延海水生生态系统健康和良性发展。

(6)建议开展东居延海水生态修复效果信息化监测。为科学分析和评估东居延海水生态修复效果,动态掌握东居延海水量、水质、泥沙及水生生态系统变化情况,建议开展东居延海水生态修复效果信息化监测规划布局工作,包括来水量、降水和蒸发、水质、来沙及淤积、地下水、生态遥感监测等信息化建设方案,为东居延海水生态修复提供信息化支持。

参考文献

蔡晔,2007. 平原地区城市内河河道结构与水质恢复关系的实验研究[D]. 苏州:苏州大学.
曹国亮,李天辰,陆垂裕,等,2020. 干旱区季节性湖泊面积动态变化及蒸发量:以艾丁湖为例[J]. 干旱区研究,37(5):1095-1104.
曹文炳,万力,周训,等,2004. 黑河下游水环境变化对生态环境的影响[J]. 水文地质工程地质,31(5):21-25.
陈风琴,耿福源,赵莹,等,2010. 城市河流生态系统修复[J]. 中国人口·资源与环境,2010,20(3):365-367.
陈丽,杨二,李莉,等,2011. 东居延海湿地生态功能与价值[J]. 人民黄河,33(2):84-85.
陈俊,李大鹏,李勇,等,2015. 底泥扰动下藻类对不同形态磷在水体中分布的影响[J]. 中国环境科学,35(9):2787-2793.
陈隆亨,1996. 黑河下游地区土地荒漠化及其治理[J]. 自然资源,18(2):35-43.
陈焕荣,2021. 宝鸡金渭湖泥沙淤积成因分析[J]. 陕西水利(7):71-72.
陈庆伟,刘兰芬,孟凡光,等,2007. 筑坝的河流生态效应及生态调度措施[J]. 水利发展研究(6):15-17,36.
陈绍澧,黄斌才,1959. 几种表面复盖物对降低水表面蒸发的效应[J]. 地球物理学报(2):132-137.
陈思莉,邴永鑫,常莎,等, 2019. 除藻剂应急治理湖水蓝藻水华案例分析[J]. 中国农村水利水电(3):20-23.
陈兴茹,2011. 国内外河流生态修复相关研究进展[J]. 水生态学杂志,32(5):122-128.
程治良,罗丹,吴俊,等,2016. $Ca(OH)_2$ 絮凝沉淀-臭氧氧化垃圾渗滤液生化出水提高反渗透性能[J]. 环境化学,35(6):1296-1304.
邓红兵,王青春,王庆礼,等,2001. 岸植被缓冲带与河岸带管理[J]. 应用生态学报,12(6):951-954.
刁文博,许士国,于越男,2019. 减阻水面蒸发探讨[C]//2019(第七届)中国水生态大会论文集. 大连理工大学水利工程学院:2-9.
董哲仁,2003. 生态水工学的理论框架[J]. 水利学报,34(1):1-3.
董哲仁,2019. 生态水利工程学[M]. 北京:中国水利水电出版社.
董正钧,杨镰,2012. 20世纪人文地理纪实:居延海[M]. 北京:中国青年出版社.
杜会石,哈斯额尔敦,李爽,等,2018. 科尔沁沙地风沙与湖泊景观演变及影响因素分析[J]. 地理科学,38(12):2109-2117.
杜良平,2007. 生态河道构建体系及其应用研究[D]. 杭州:浙江大学.
范亚民,何华春,崔云霞,等,2010. 淮河中下游洪泽湖水域动态变化研究[J]. 长江流域资源与环境,19(12):1397-1403.
高甲荣,肖斌,牛健植,2002. 河溪近自然治理的基本模式与应用界限[J]. 水土保持学报,16(6):84-87.
高凌,1993. 工程稳定问题的干扰能量法[D]. 南京:河海大学.
高阳俊,阮仁良,孙从军,等,2011. 淀山湖千墩浦河口生态浮床试验工程净化效果[J]. 水资源保护,27(6):28-31.
高耶,谢永宏,邹冬生,等,2019. 近40年洞庭湖区内湖水面面积变化及其驱动因素[J]. 湖泊科学,31(3):755-765.

龚春生,2007. 城市小型浅水湖泊内源污染及环保清淤深度研究[D]南京:河海大学.
桂智凡,薛滨,姚书春,等,2010. 东北松嫩平原区湖泊对气候变化响应的初步研究[J]. 湖泊科学,22(6):852-861.
韩克武,侍克斌,杨云鹏,等,2020. 配重浮球覆盖下干旱区平原水库节水率研究[J]. 干旱区地理,43(3):644-651.
郝洁,李靖瑄,连子旭,等,2024. 青藏高原湖泊面积变化规律及影响要素分析[J]. 水文,44(1):112-118.
赫晓磊,2008. 山丘区生态河道设计方法研究[D]. 扬州:扬州大学.
胡春明,娜仁格日乐,马金锋,等,2020. 博斯腾湖有机物污染改善方案研究[J]. 干旱区研究,37(2):428-434.
胡静波,2009. 城市河道生态修复方法初探[J]. 南水北调与水利科技,7(2):128-131.
胡开林,2007. 滇池水治理建议:在云南省"滇池水治理专家座谈会"上的发言(片段)[J]. 昆明理工大学学报(理工版)(4):1,125.
黄锦辉,赵蓉,史晓新,等,2018. 河湖水系生态保护与修复对策[J]. 水利规划与设计(4):1-4,107.
黄浦江,刘艳芳,刘畅,等,2012. 基于 RS 与 GIS 的武汉城市湖泊演化研究[J]. 生态环境学报,21(9):1588-1593.
黄薇,张劲,桑连海,2011. 生物浮岛技术的研发历程及在水体生态修复中的应用[J]. 长江科学院院报,28(10):37-42.
蒋云钟,赵红莉,甘治国,等,2008. 基于蒸腾蒸发量指标的水资源合理配置方法[J]. 水利学报,39(6):720-725.
姜正实,麻俊仁,2008. 河流生态修复技术研究进展[J]. 吉林水利,2008(12):19-21.
蒋晓辉,黄强,何宏谋,等,2020. 基于水库群多目标调度的黑河流域复杂水资源系统配置研究[M]. 北京:科学出版社.
柯兹洛夫, 2014. 蒙古和喀木[M]. 丁淑琴,韩莉,齐哲,译. 兰州:兰州大学出版社.
拉巴,边多,次珍,等,2012. 西藏玛旁雍错流域湖泊面积变化及成因分析[J]. 干旱区研究,29(6):992-996.
雷书姗,2020. 基于生态修复技术的河流治理研究[J]. 黑龙江水利科技,48(11):125-127.
李存立,2016. PVC 浮板与浮球在干旱区平原水库的防蒸发节水试验研究[D]. 乌鲁木齐:新疆农业大学.
李大鹏,2015. 反复扰动与藻类共存条件下底泥中不同形态磷含量变化规律[J]. 苏州科技学院学报:工程技术版,28(2):11-15.
李国英,2005. 维持河流健康生命:以黄河为例[J]. 人民黄河(11):5-8.
李丽,2013. 红崖山水库泥沙淤积特点及利用途径探讨[J]. 甘肃水利水电技术,49(7):35-36,55.
李金霞,2006. 高分散气液界面物理化学行为研究及应用[D]. 上海:华东师范大学.
李锦秀,肖洪浪,任娟,2010. 阿拉善地区水资源与生态环境变化及其对策研究[J]. 干旱区资源与环境,24(11):56-61.
李思忠,张世义,1974. 甘肃省河西走廊鱼类新种及新亚种[J]. 动物学报(4):109-114.
李鑫,耿雪,王洪伟,等,2019. 外源输入对底泥疏浚新生表层磷恢复及迁移的影响[J]. 环境科学,40(8):3539-3549.
李新国,江南,朱晓华,等,2006. 近三十年来太湖流域主要湖泊的水域变化研究[J]. 海洋湖沼通报(4):17-24.
李中华,楚维国,舒畅,等,2018. 滇池环保清淤工程工艺技术创新[J]. 水运工程(S1):131-134,140.
李华,楚维国,舒畅,等,2018. 滇池环保清淤工程工艺技术创新[J]. 水运工程,550(S1):131-134,140.

缪丽梅,刘鹏斌,张笑晨,等,2013. 达里湖水质和生物资源量监测及评价[J]. 内蒙古农业科技(6):53-55,67.

廖先荣,王翠文,蒋文琼,2009. 城市河流生态修复研究综述[J]. 天津科技(6):31-32.

林乃峰,沈渭寿,张慧,等,2012. 近35a西藏那曲地区湖泊动态遥感与气候因素关联度分析[J]. 生态与农村环境学报,28(3):231-237.

刘吉峰,吴怀河,宋伟,2008. 中国湖泊水资源现状与演变分析[J]. 黄河水利职业技术学院学报(1):1-4.

柳建平,2004. 河西地区水资源配置与生态经济协调发展研究[D]. 兰州:西北师范大学.

刘欢, 杨少荣, 王小明. 2019,基于河流生态系统健康的生态修复技术研究进展[J]. 水生态学杂志, 40(2):1-6.

刘琴,沈天成,程鹏,2021. 1960—2018年黑河上游径流量变化特征分析[J]. 甘肃科学学报,33(4):26-33.

刘瑞霞,刘玉洁,郑照军,2006. 博斯腾湖面积定量遥感[J]. 应用气象学报,17(2):102-105.

刘亚传,1992. 居延海的演变与环境变迁[J]. 干旱区资源与环境(2):9-18.

鲁学仁,1992. 华北暨胶东地区水资源研究[M]. 北京:中国科学技术出版社.

栾兆坤,汤鸿霄,2001. 经济有效的城市与纳污河污水强化絮凝工艺技术系统[J]. 中国环保产业,36(11): 32-34.

罗新正,孙广友,2001. 河堤环境效应略论[J]. 环境科学研究,14(2):11-13.

毛志刚,谷孝鸿,陆小明,等,2014. 太湖东部不同类型湖区底泥疏浚的生态效应[J]. 湖泊科学,26(3):385-392.

孟凡丽,2017. 贵州省夜郎湖水库富营养化趋势研究[J]. 环保科技,18(3):14-15,22.

蒙吉军,汪疆玮,尤南山,等,2017. 基于DEA的黑河中游灌区水资源配置效率时空分异[J]. 水土保持研究,24(1):173-180,2.

宁淼,叶文虎,2009. 我国淡水湖泊的水环境安全及其保障对策研究[J]. 北京大学学报(自然科学版),45(5):848-854.

潘启民,任志远,郝国占,2001. 黑河流域生态需水量分析[J]. 黄河水利职业技术学院学报(1):14-16.

秦大河,2005. 科技奖励国际论坛十二进——全球气候与环境演变及对策[J]. 中国科技奖励(1):32-40.

饶恩明,肖燚,欧阳志云,等,2014. 中国湖泊水量调节能力及其动态变化[J]. 生态学报,34(21):6225-6231.

任星,高永,虞毅,等,2011. 乌兰布和沙漠湖泊变化与气候关系[J]. 干旱区研究,28(1):168-174.

任昱,高永,虞毅,等,2011. 乌兰布和沙漠湖泊变化与气候关系[J]. 干旱区研究,28(1):168-174.

阮仁良,2005. 上海市引清调度的形成机制研究[J]. 上海水务,21(1):1-5.

沈银武,刘永定,吴国樵,等,2004. 富营养湖泊滇池水华蓝藻的机械清除[J]. 水生生物学报,50(2):131-136.

孙芳蒂,赵圆圆,宫鹏,等,2014. 动态地表覆盖类型遥感监测:中国主要湖泊面积2000—2010年间逐旬时间尺度消长[J]. 科学通报,59(4-5):397-411.

孙培善,孙德钦,1964. 内蒙高原西部水文地质初步研究[C]//治沙研究(第6号). 北京:科学出版社:245-317.

陶理志,2007. 生态护坡在城市防洪堤的应用[J]. 人民长江,38(5):80-82.

汤传义,汤新亮,2002. 天然条件下单分子膜阻蒸发速率的测定[J]. 安庆师范学院学报(自然科学版),(4):56-58.

唐凯,何新林,姜海波,等,2016. 干旱区平原水库消减水面蒸发试验研究[J]. 水利水电技术,47(1):12-16.

童国璋,叶旭红,2010. 生态浮岛技术概述及应用前景[J]. 江西科学,28(4):470-472,486.
王步之,2023. EPS 浮球直径优选及其覆盖下干旱区平原水库防蒸发节水率研究[D]. 乌鲁木齐:新疆农业大学.
王道增,林卫清,2005. 苏州河综合调水与水环境治理研究[J]. 力学与实践,27(5):1-12.
王浩,陈敏建,秦大庸,2003. 西北地区水资源合理配置和承载能力研究[M]. 郑州:黄河水利出版社.
王浩,秦大庸,王建华,等,2003. 黄淮海流域水资源合理配置[M]. 北京:科技出版社.
王浩,游进军,2008. 水资源合理配置研究历程与进展[J]. 水利学报(10):20-27.
王积强,1994. 水生植物对水面温度和蒸发量的影响[J]. 干旱区地理(2):67-69.
王金丽,颜秀勤,宁 冰,等,2011. 浮岛植物净化水质效果研究[J]. 环境科学与技术,34(10):14-18.
汪恕诚,2003. 资源水利——人与自然和谐相处[M]. 北京:中国水利水电出版社.
王薇,李传奇,2003. 河流廊道与生态修复[J]. 水利水电技术,34(9):56-58.
王文君,黄道明,2012. 国内外河流生态修复研究进展[J]. 水生态学杂志,33(4):142-146.
王雪樵,王铎,2008. "居延泽"即"碱泽"说[J]. 中国历史地理论丛(4):69.
汪秀丽,2010. 浅议河流生态修复[J]. 水利电力科技,36(1):6-16.
吴洪寿,2004. 黑河流域水资源合理配置模式研究[D]. 杨凌:西北农林科技大学.
武金慧,2008. 旱区水库抑制水面蒸发试验研究[D]. 西安:西安理工大学.
吴建强,王敏,吴健,等,2011, 4 种浮床植物吸收水体氮磷能力试验研究[J]. 环境科学,32(4):995-999.
武选民,史生胜,黎志恒,等,2002. 西北黑河下游额济纳盆地地下水系统研究(上)[J]. 水文地质工程地质(1):16-20.
吴燕,夏萍,衣守志,2007. 脂肪醇乳液抑制水分蒸发的研究[J]. 功能材料,38(A09):3408-3411.
吴泽宁,索丽生,2004. 水资源优化配置研究进展[J]. 灌溉排水学报,23(2):1-5.
吴智洋,韩冰,朱悦,2010. 河流生态修复研究进展[J]. 河北农业科学,14(6):69-71.
奚健,2009. 污染水体原位生物修复技术的探索及应用[C]//中国水利学会水资源专业委员会,中国水利水电科学研究院,大连理工大学. 变化环境下的水资源响应与可持续利用——中国水利学会水资源专业委员会 2009 学术年会论文集. 大连:大连理工出版社:600-604.
夏振尧,许文年,戴方喜,等,2005. 城市内河滨水堤岸生态修复技术探讨[J]. 中国水土保持(10):30-31,38.
谢高地,甄霖,鲁春霞,等,2008. 一个基于专家知识的生态系统服务价值化方法[J]. 自然资源学报(5):911-919.
熊波,陈学华,宋孟强,等,2009. 基于 RS 和 GIS 的沙漠湖泊动态变化研究——以巴丹吉林沙漠为例[J]. 干旱区资源与环境,23(8):91-98.
许继军,景唤,2022. 河流生态修复理念与技术研究进展[J]. 农业现代化研究,43(4):691-701.
许诗,刘志明,王宗明,等,2010. 1986—2008 年吉林省湖泊变化及驱动力分析[J]. 湖泊科学,22(6):901-909.
许新宜,王浩,甘泓,等,1997. 华北地区宏观经济水资源规划理论与方法[M]. 郑州:黄河水利出版社.
颜兵文,2005. 长株潭湘江河岸带景观生态规划研究[D]. 长沙:中南林学院.
杨海军,内田泰三,盛连喜,等,2004. 受损河岸生态系统修复研究进展[J]. 东北师大学报,36(1):95-100.
杨献献,郭萍,李茉,2016. 面向生态的黑河中游模糊多目标水资源优化配置模型[J]. 节水灌溉(5):65-70.
姚永慧,汪小钦,周成虎,等,2007. 新疆玛纳斯湖近 50 年来的变迁[J]. 水科学进展,18(1):17-23.
叶榕,2019. 清中后期至民国初年杭州西湖浚治的主体变迁及其环境影响(1724—1927 年)[D]. 杭州:浙江大学.
尹立河,张茂省,董佳秋,2008. 基于遥感的毛乌素沙地红碱淖面积变化趋势及其影响因素分析[J]. 地质通报,27(8):1151-1156.
尹明万,谢新民,王浩,等,2003. 安阳市水资源配置系统方案研究[J]. 中国水利(14):14-16.
袁伟,2009. 面向可持续发展的黑河流域水资源合理配置及其评价研究[D]. 杭州:浙江大学.
曾国熙,2004. 流域水资源配置合理性评价研究[D]. 成都:四川大学.
张甘霖,谷孝鸿,赵涛,2023,等. 中国湖泊生态环境变化与保护对策[J]. 中国科学院院刊,38(3):358-364.
张宝林,贾瑞晨,张倩,等,2012. 基于遥感的达来诺尔湖泊水域面积变化研究[J]. 水土保持研究,18(6):196-199.
张柯刚,方龙忠,2020. 临泽县鹦鸽嘴水库清淤方案探讨与效益分析[J]. 农业科技与信息(1):121-122.
张国庆,姚檀栋,康世昌,2013. 基于 ICESat 和 Landsat 的中国十大湖泊水量平衡估算[J]. 科学通报,58(26):2664-2678.
张郝哲,2012. 基于 GIS 和 RS 的内蒙古高原封闭盐湖动态监测[D]. 北京:中国地质大学.
张嘉琪,张会兰,刘雪妍,2024. 1985—2021 年青藏高原典型湖泊水文特征及关键影响因素[J]. 水土保持学报,38(3):140-149.
赵进勇,于子铖,张晶,等,2022. 国内外河湖生态保护与修复技术标准进展综述[J]. 中国水利(6):32-37.
张瑞瑾,2002. 河流泥沙动力学[M]. 北京:中国水利水电出版社.
赵肯堂,1996. 沙漠深处的索果诺尔渔场[J]. 大自然(3):12-13.
赵帅维,2018. 絮凝沉淀法处理低放废液中的钴和铯[C]//《环境工程》编委会,工业建筑杂志社有限公司.《环境工程》2018 年全国学术年会论文集(上册). 北京:工业建筑杂志出版社:17-21.
赵润红,师卫华,赵辉,等,2008. 城市护岸的发展历程和趋势[J]. 现代园艺(9):46-47.
赵铁桥,1991. 河西阿拉善内流区的鱼类区系和地理区划[J]. 动物学报(2):153-167.
赵彦伟,杨志峰,2005. 河流健康:概念、评价方法与方向[J]. 地理科学,25(1):119-124.
郑天柱,周建仁,2002. 污染河道的生态恢复机理研究[J]. 环境科学动态(3):11-13.
赵志红,李亚妮,廖婧璇,2018. 洱海蓝藻水华应急控制措施及机械除藻效果初探[J]. 环境科学导刊,37(2):33-35.
钟锋,2017. 基于生态健康的干旱区绿洲水资源优化配置[D]. 杨凌:西北农林科技大学.
中国水利水电科学研究院,2004. 黑河流域水资源调配管理信息系统研究[R]. 北京:中国水利水电科学研究院.
钟华平,2006. 黑河流域水资源使用权合理分配模式研究[D]. 南京:河海大学.
朱刚,高会军,曾光,2015. 近 35a 来新疆干旱区湖泊变化及原因分析[J]. 干旱区地理,38(1):103-110.
钟继承,范成新,2007. 底泥疏浚效果及环境效应研究进展[J]. 湖泊科学,19(1):1-10.
朱军涛,于静洁,王平,等,2011. 额济纳荒漠绿洲植物群落的数量分类及其与地下水环境的关系分析[J]. 植物生态学报,35(5):480-489.
宗振东,徐周欣,郑水平,等,2011. 居延海的鱼类区系分析及发展规划[J]. 内蒙古农业科技(5):65-66.
Ahmed Ali Rashed,2014. Assessment of aquatic plants evapotranspiration for secondary agriculture drains (case study: Edfina drain, Egypt)[J]. The Egyptian Journal of Aquatic Research,40(2):117-124.
Alvarez V M , Baille A , Martinez J M M ,et al,2006. Efficiency of shading materials in reducing evaporation from free water surfaces[J]. Agricultural Water Management,84(3):229-239.
Al-Hassoun S A, Mohammed T A, 2009. Nurdin, Evaporation reduction from impounding reservoirs in arid

areas using palm leaves[J]. Research Journal of Applied Sciences,4(4):247-250.

Andriana F Aravantinou,Vasiliki Tsarpali,Stefanos Dailianis,et al,2017. Manariotis. Effect of cultivation media on the toxicity of ZnO nanoparticles to freshwater and marine microalgae[J]. Ecotoxicology and Environmental Safety,1149(5):109-116.

Archer R J , LaMer V K, 1954. The effect of monolayers on the rate of evaporation of water[J]. New York Acad. Sci. Ann. ,58:807-829.

Bai J,Chen X,Li J,et al,2011. Changes in the area of inland lakes in arid regions of central Asia during the past 30 years[J]. Environmental monitoring and assessment,178(1-4):247-256.

Bartolai A M,He L,Andith E H,et al,2015. Climate change as a driver of change in the Great Lakes St. Lawrence River Basin[J]. Journal of Great Lakes Research,41(1):45-48.

Benzaghta M A,Mohammed T A,2012. Testing of evaporation reduction methods in humid climates[J]. Water Management,166(4):207-216.

Burston I A,2002. Conservation of water from open storages by minimizing evaporation[D]. Australia,Brisbane:University of Queensland.

Chen C T A, Lan H C, Lou J Y,et al,2003. The dry Holocene megathermal in Inner Mongolia[J]. Palaeogeography,Palaeoclimatology,Palaeoecology,193(2):181-200.

Craig I,Green A,Scobie M,et al,2005. Controlling evaporation loss from water storages[R]. National Centre for Engineering in Agriculture:USQ,Toowoomba.

Cooley K R. Energy,1970 Relationships in the Design of Floating Covers for Evaporation Control[J]. Water Resources Research,6(3):717-727.

Dunalska J A,Grochowska J,Wisniewski G,2015. Can we restore badly degraded urban lakes[J]. Ecological Engineering,82:432-441.

Federal Interagency Stream Restoration Working Group (FISRWG),1998. Stream Corridor Restoration:Principles,Processes, and Practices[M]. Springfield, VA, USA: National Technical Information Service U. S. Department of Commerce.

Finn N,Barnes S,2007. The Benefits of Shade-Cloth Covers for Potable Water Storages [C]//70th Annual Water Industry Engineers and Operators Conference,CSIRO Publications.

Garrett W D,1971. Retardation of water drop evaporation with monomolecular surface films[J]. Journal of the Atmospheric Sciences,28(5):816-819.

Idso S B,1981. Relative rates of evaporative water losses from open and vegetation covered water bodies[J]. Water Resources bulletin,17(1):46-48.

Crow F R,Manges H,1967. Comparison of chemical and non-chemical technilues for suppressing evaporation from small reservoirs[J]. Transactions of the ASAE,10(2):172-174.

Jepen S,Voss C,Walvoord M,et al,2013. Sensitivity ananlysis of lake mass balance in discontinuous permafrost:the example of disappearing Twelvemile Lake,Yukon Flats, Alaska(USA)[J]. Hydrogeology Journal,21(1):185-200.

Khan M A, Issac V C,1990. Evaporation reduction in stock tanks for increasing water supplies[J]. Hydrology,119(1):21-29.

Laub B G,Palmer M A,2009. Restoration Ecology of Rivers[J]. Encyclopedia of Inland Waters(1):332-341.

Li X Q, Jiang X H, Lei Y X,2023. Suitable water surface area of the tail lake under the constraint of water diversion scheme in arid areas based on emergy theory[J]. Journal of Hydrology, 49,101491.

Luo J,Li X,Ma R,et al,2016. Applying remote sensing techniques to monitoring seasonal and interannual changes of aquatic vegetation in Taihu Lake, China[J]. Ecological Indicators, 60: 503-513.

Mitsch W J, 1989. Ecological engineering: an introduction to ecotechnology[M]. New York: Wiley.

Mitsch W J, 1996. Ecological engineering: a new paradigm for engineers and ecologists[M]. Washington D C: National A-cademy Press.

Mitsch W J, 1998. Ecological engineering: the 7-year itch[J]. Ecological Engineering, 10: 119-130.

Prime E L, Henry D J, Yarovsky I, et al, 2011. Comb polymers: Are they the answer to monolayer stability? [J]. Colloids and Surfaces A: Physicochemical and Engineering Aspects, 384(1/2/3): 482-489.

Rover J, Ji L, Wylie B K, et al, 2012. Establishing water body areal extent trends in interinor Alaska from multi-temporal Landsat data[J]. Remote Sensing Letters, 3(7): 595-604.

Shafroth P B, Cleverly J R, Dudley T L, et al, 2005. Control of Tamarix in the Western United States: implications for water salvage, wildlife use, and riparian restoration[J]. Environmental Management, 35(3): 231-246.

Teasley R, Mckinney D C, 2011. Calculating the Benefits of Transboundary River Basin Cooperation: Syr Darya Basin[J]. Journal of Water Resources Planning and Management, 137(6): 481-490.

U S EPA, 1998. Stream-corridor-restoration-principles, processes and practices[S].

Yang X, Ma N, Dong J, et al, 2010. Recharge to the inter-dune lakes and Holocene climatic changes in the Badain Jaran Desert, western China[J]. Quaternary Research, 73(1): 10-19.

